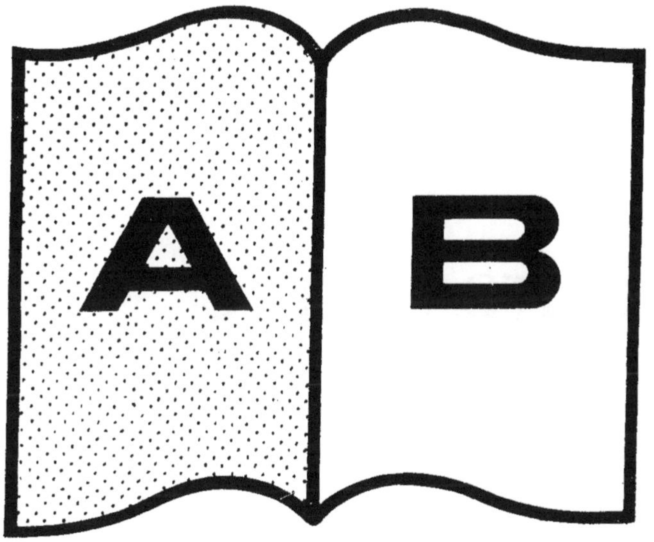
A
B

AF474588

Reliure serrée

TABLEAU ENCYCLOPÉDIQUE ET MÉTHODIQUE DES TROIS RÈGNES DE LA NATURE.

AVIS AU RELIEUR.

Tome Ier. Texte ou Explication des Planches, pag. 1 à 180. — Planche 1 à 95, inclusivement.

Tome II. Planche 96 à 314, inclusivement.

Tome III. Planche 315 à 488 (fin).

N. B. Le Relieur remplacera les pages 83 et 84 par un carton qui accompagne le cahier contenant les pages 133 à 180.

TABLEAU
ENCYCLOPÉDIQUE
ET MÉTHODIQUE
DES TROIS RÈGNES DE LA NATURE.

VERS, COQUILLES, MOLLUSQUES
ET POLYPIERS.

TOME TROISIÈME.

A PARIS,

Chez Mme veuve AGASSE, Imprimeur-Libraire, rue des Poitevins, n° 6.

M. DCCCXXVII.

Cone .. *Conus*. Pl. 315.

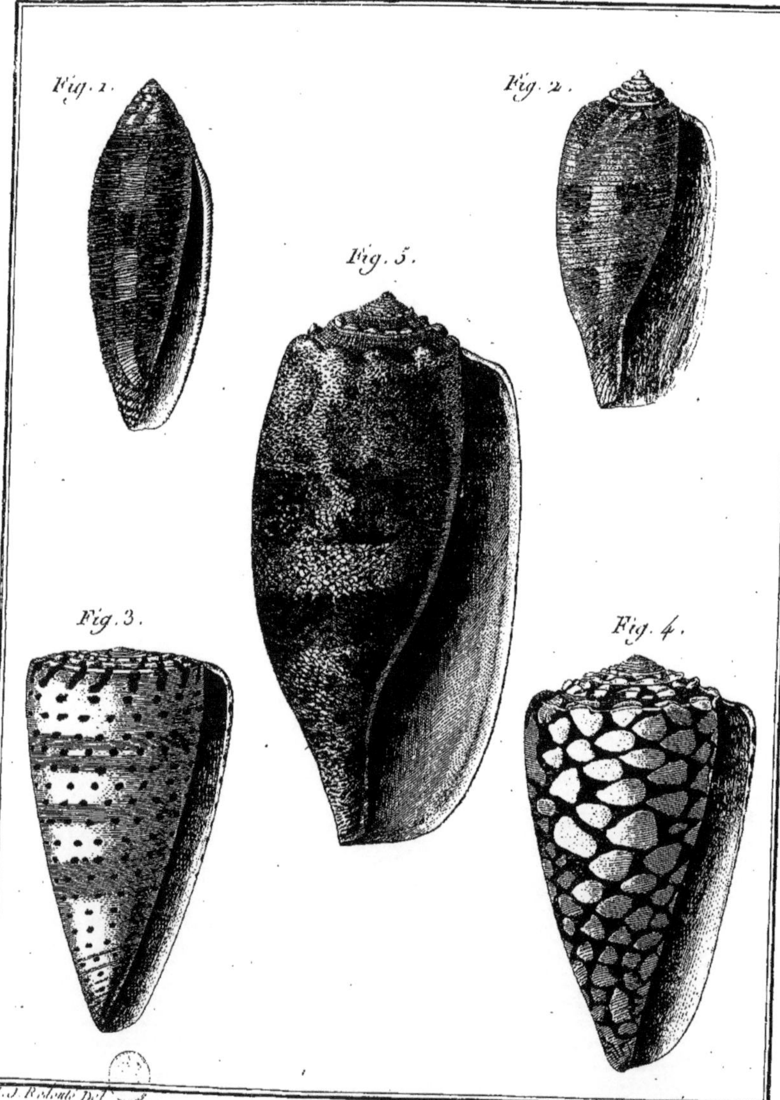

H. J. Redouté Del.

Benard Direxit.

Histoire Naturelle; Coquilles Univalves.

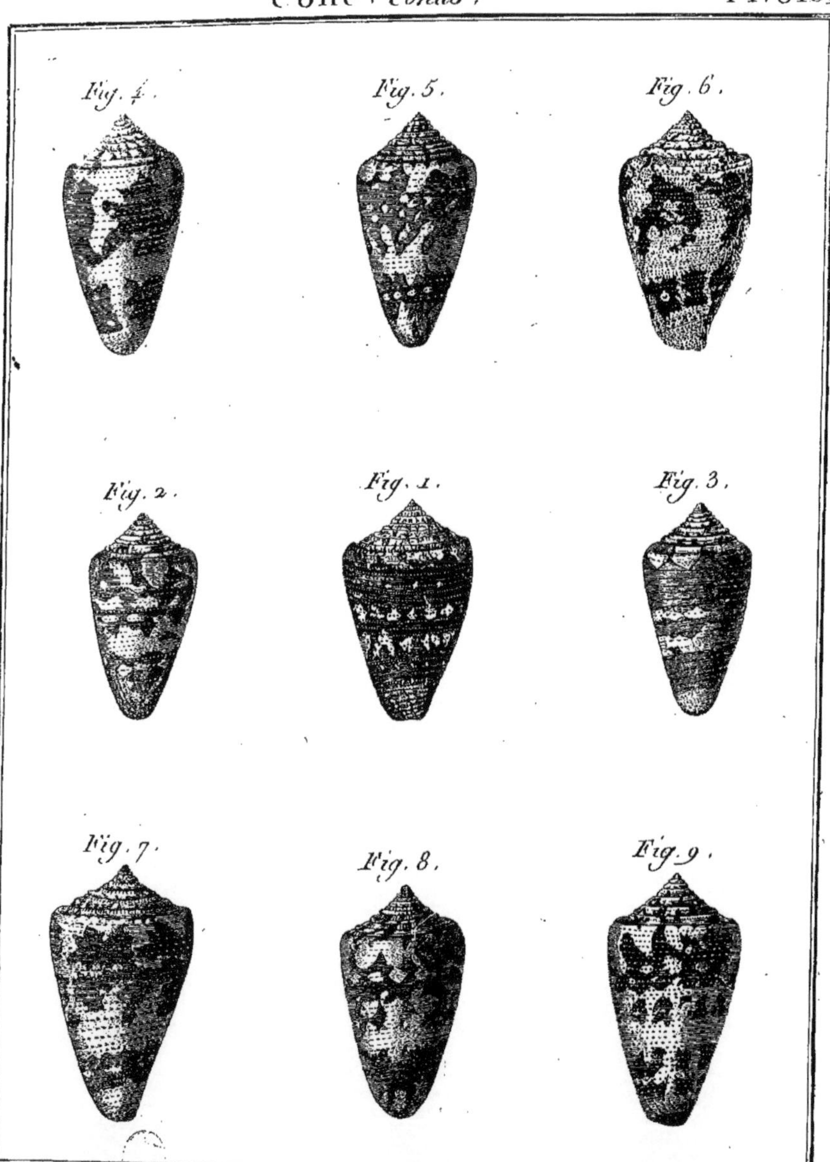

H. J. Redouté Del. Benard Direxit.

Histoire Naturelle; Coquilles Univalves.

Cone. *Conus.* Pl. 317.

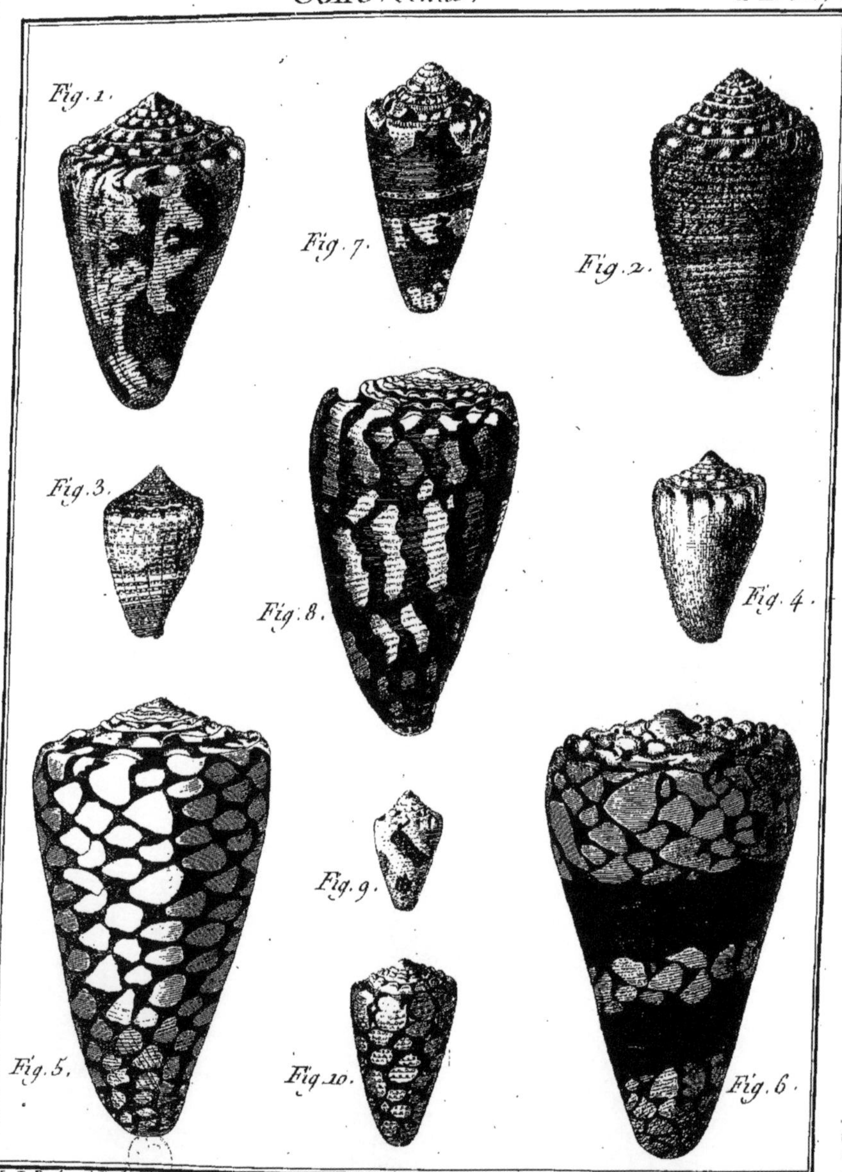

H. J. Redouté Del. Benard Direxit.

Histoire Naturelle, Coquilles Univalves. 170.

Cone. *Conus.* Pl. 318.

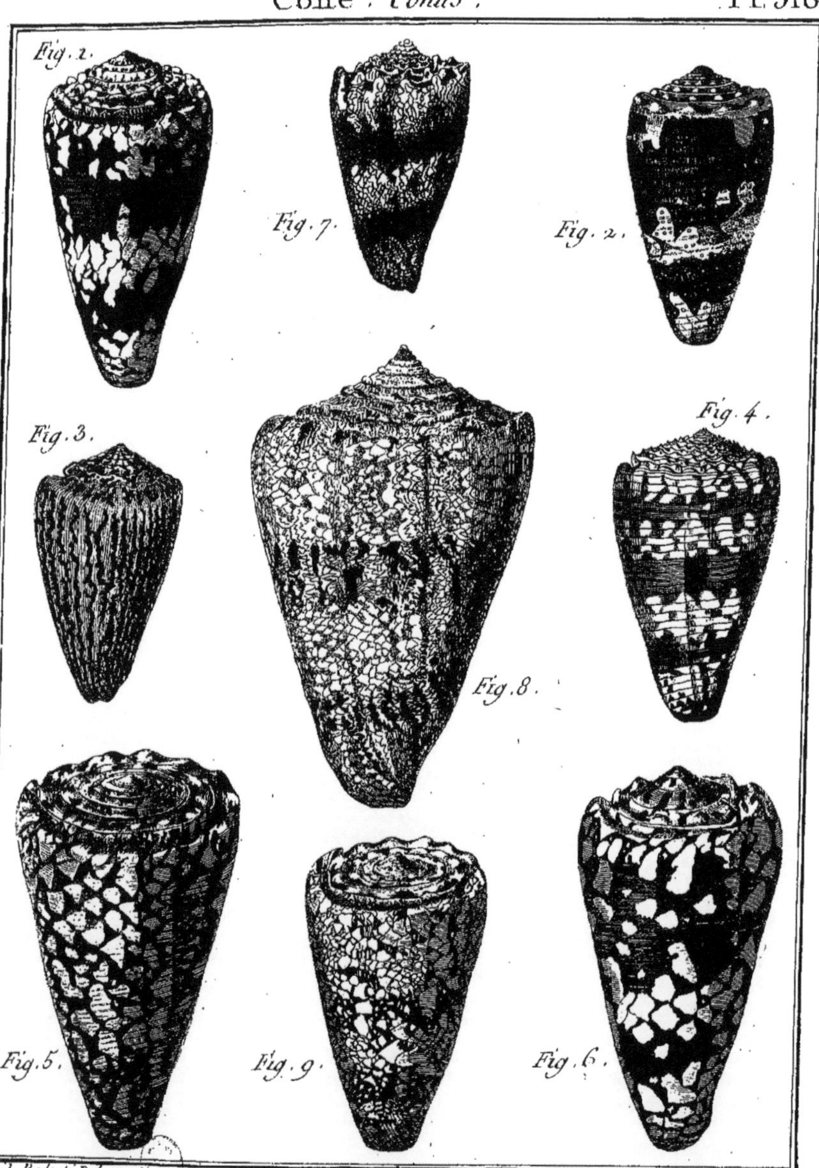

H. J. Redouté Del. Benard Direxit.

Histoire Naturelle, Coquilles Univalves.

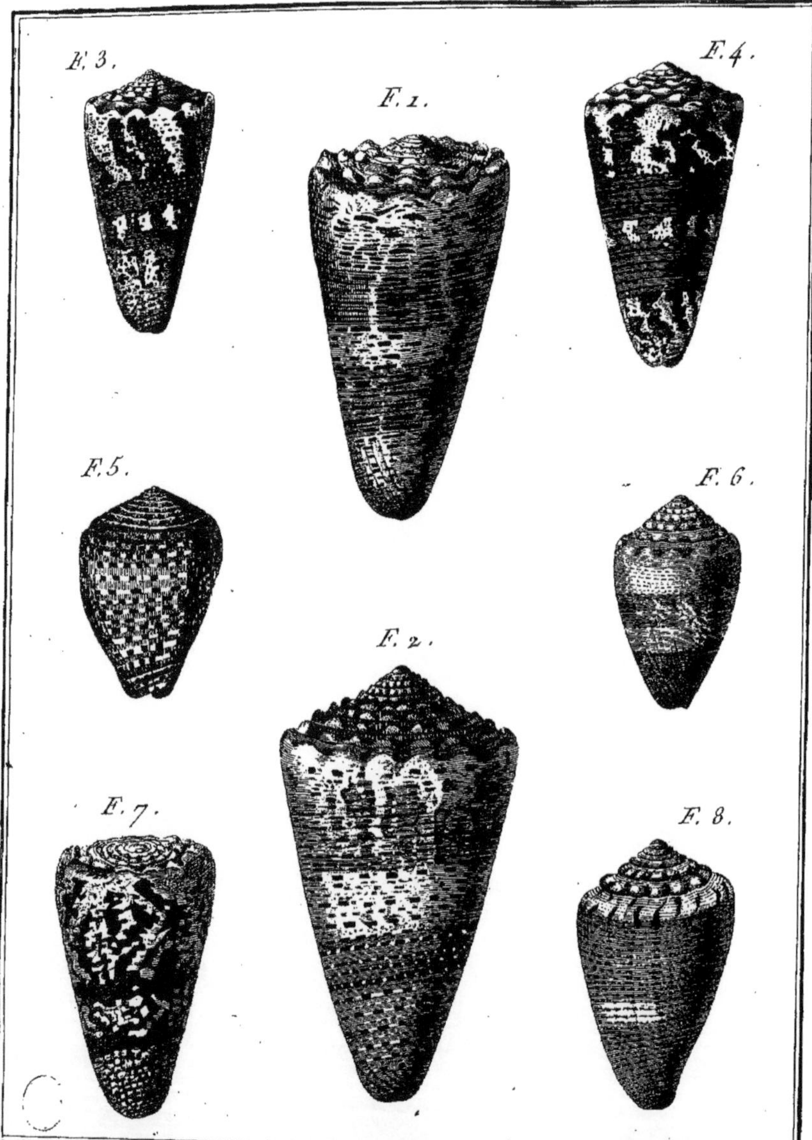

H. J. Redouté Del. Benard Direxit.

Histoire Naturelle; Coquilles Univalves.

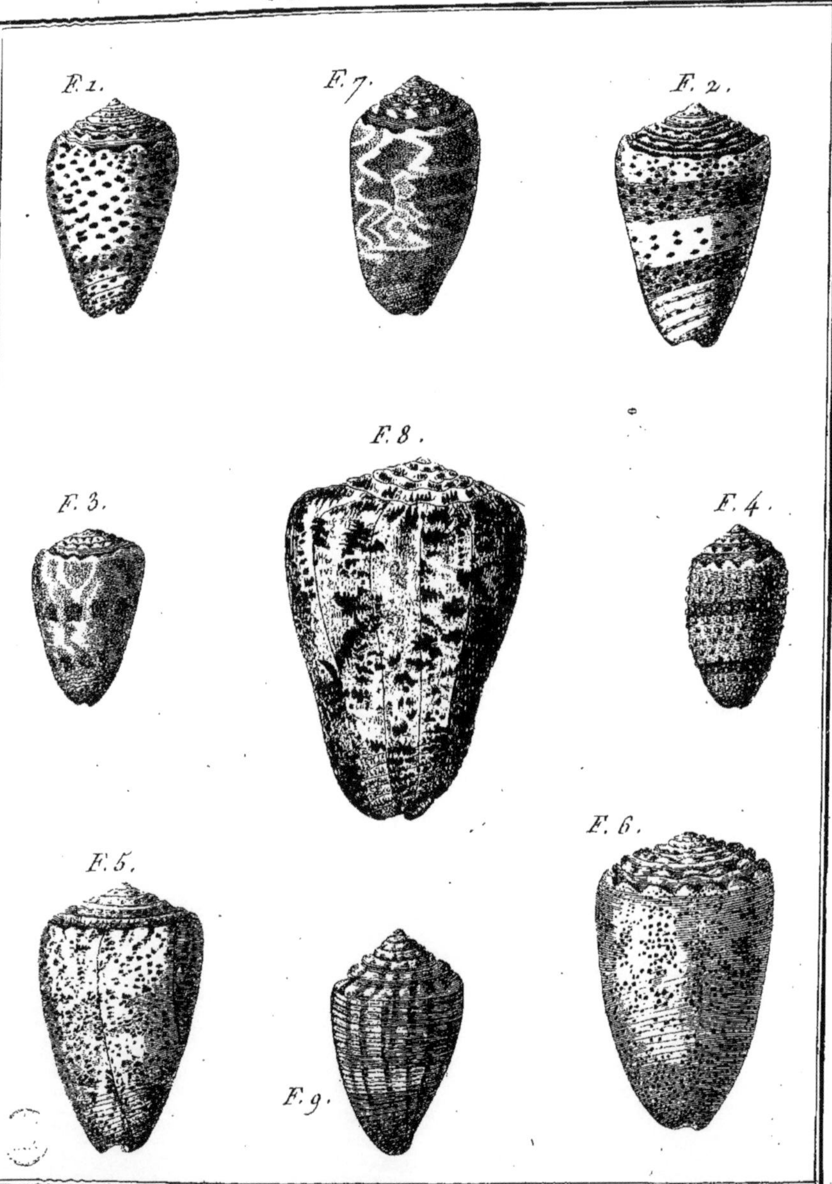

H. J. Redouté Del. Benard Direxit.

Histoire Naturelle; Coquilles Univalves.

Cone. *Conus*. PL. 321.

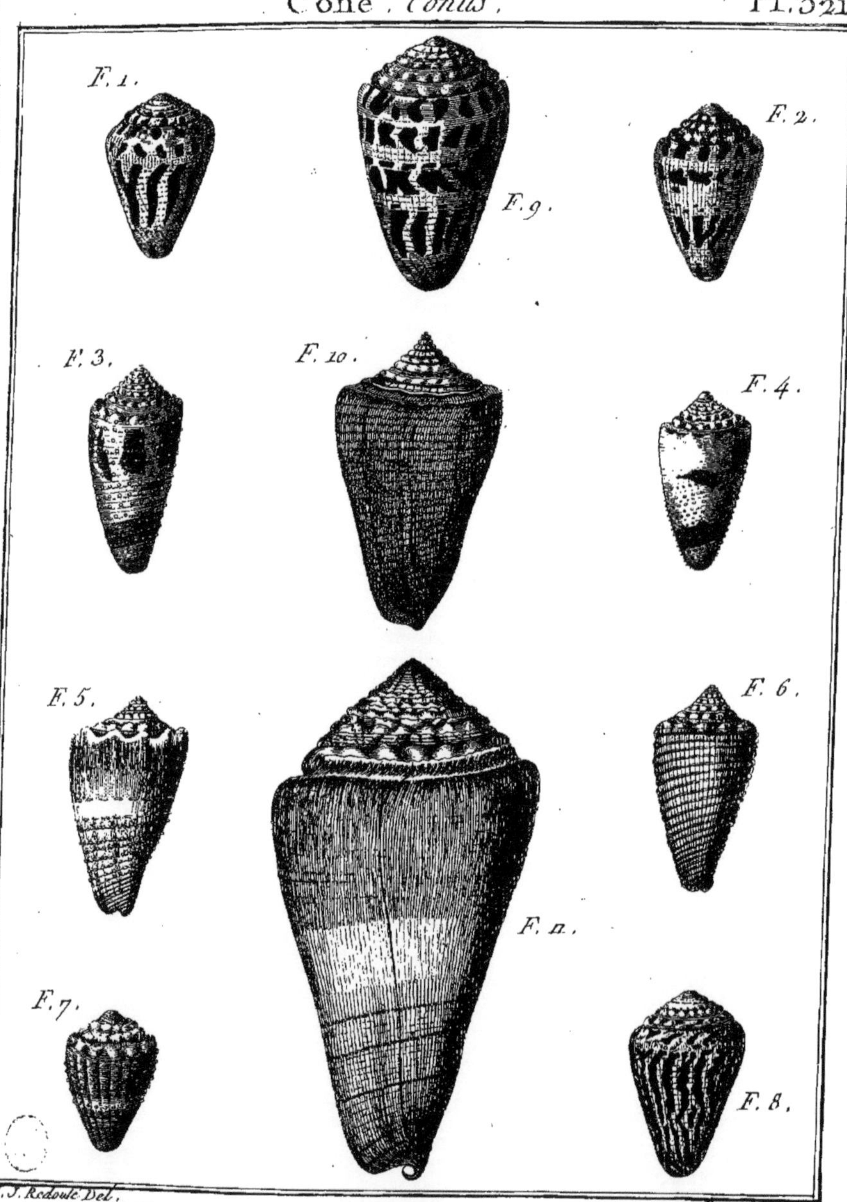

H. J. Redouté Del. Benard Direx.

Histoire Naturelle; Coquilles Univalves.

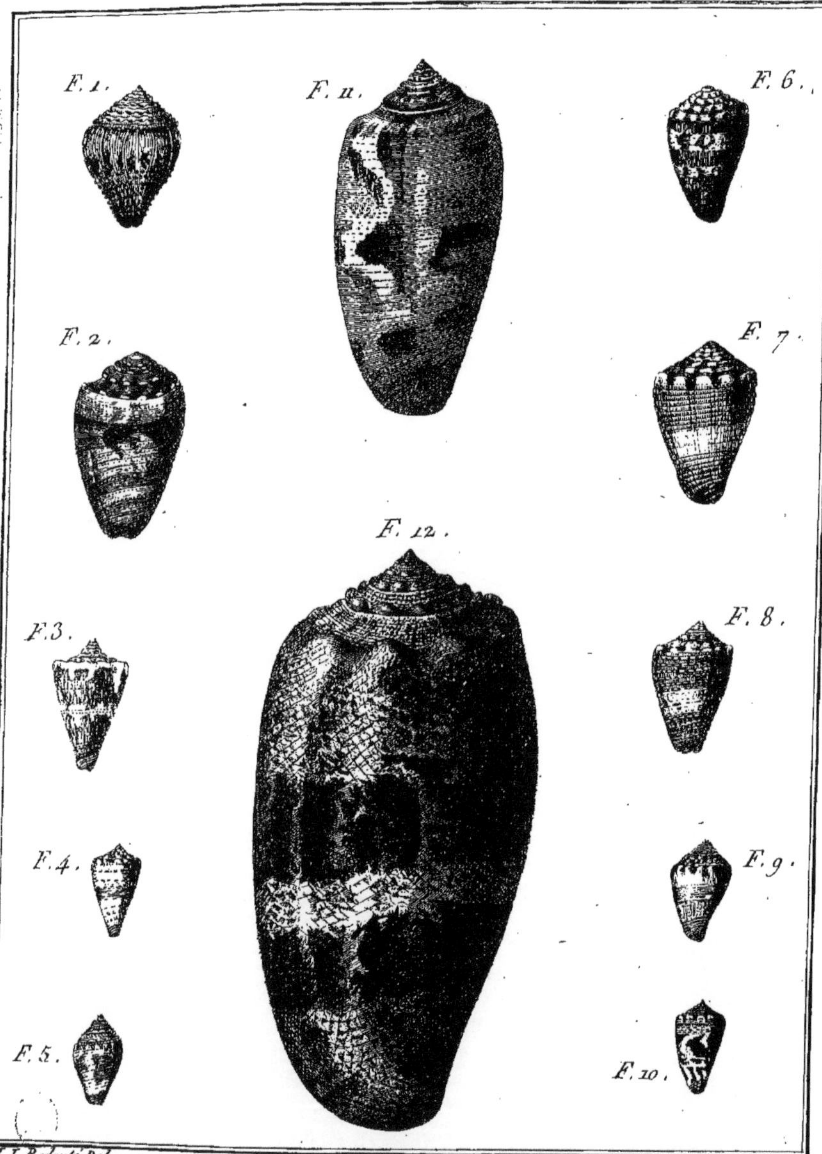

H. J. Redouté Del. Benard Direxit.

Histoire Naturelle; Coquilles Univalves.

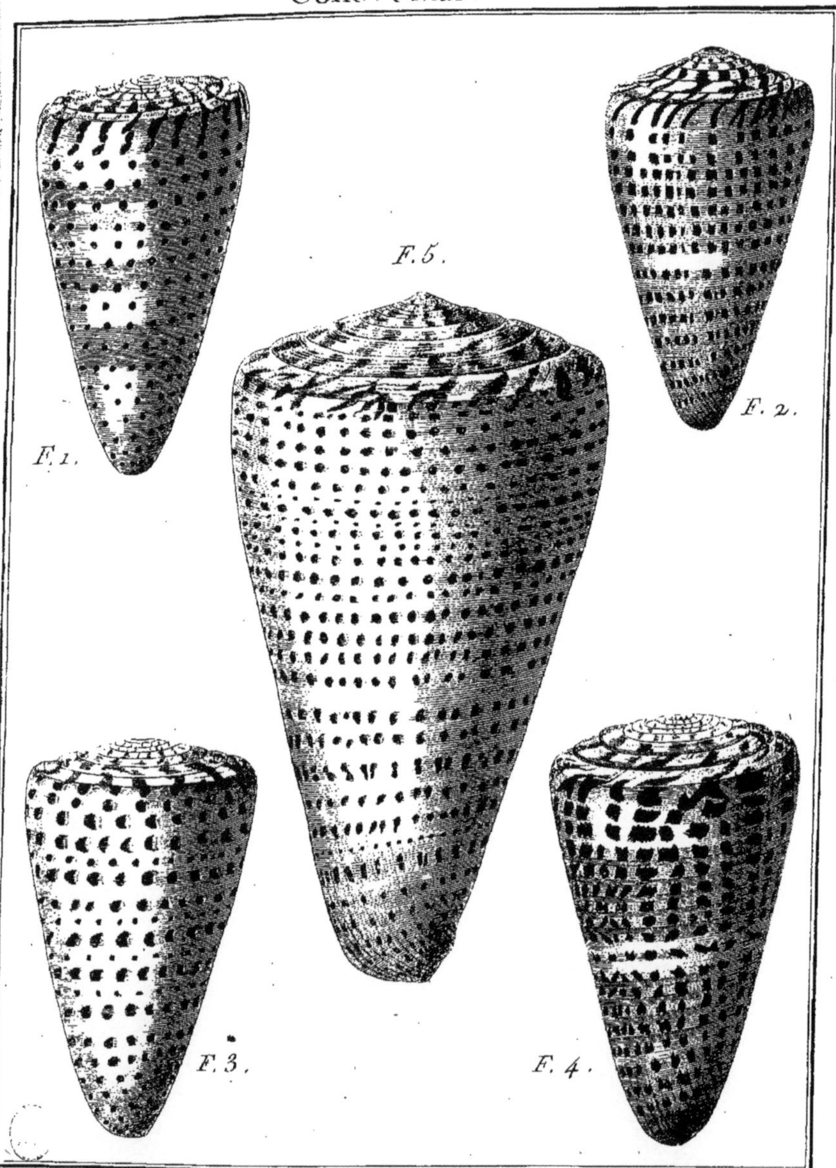

H. J. Redouté Del. Benard Direxit.

Histoire Naturelle ; *Coquilles Univalves.*

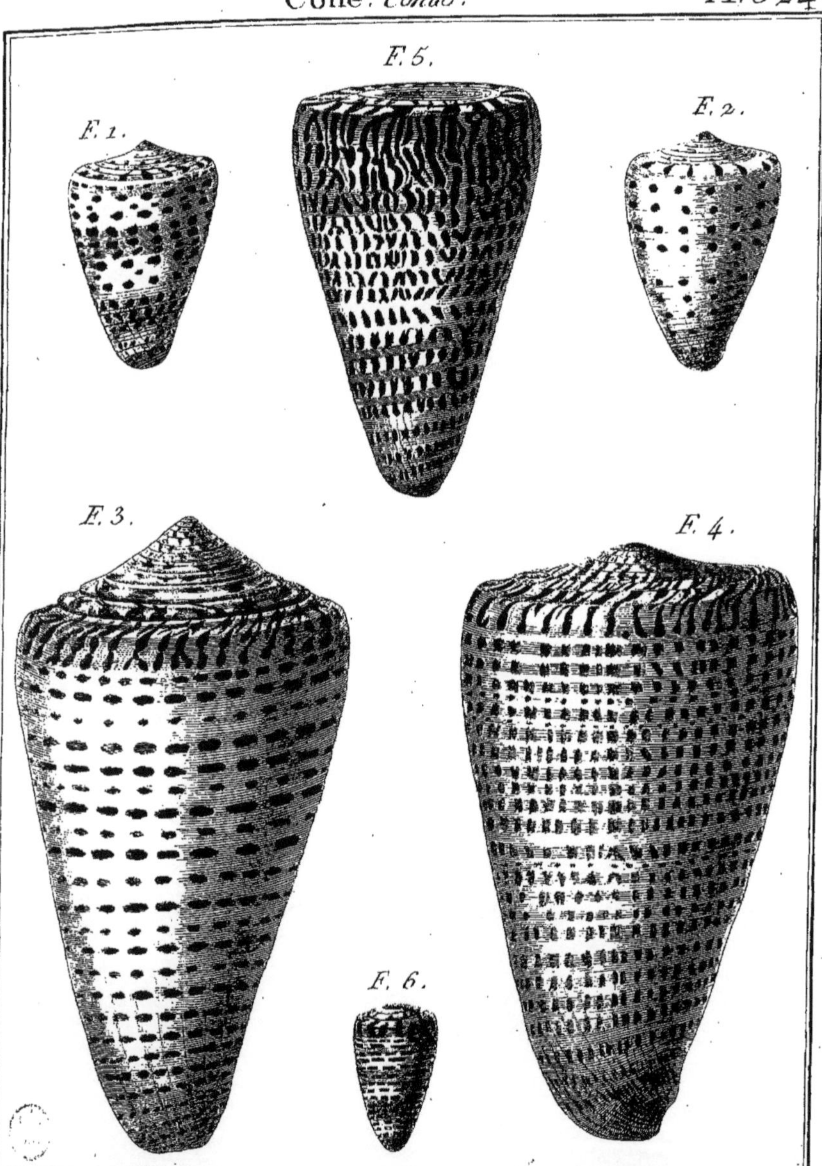

H. J. Redouté Del. Benard Direxit.

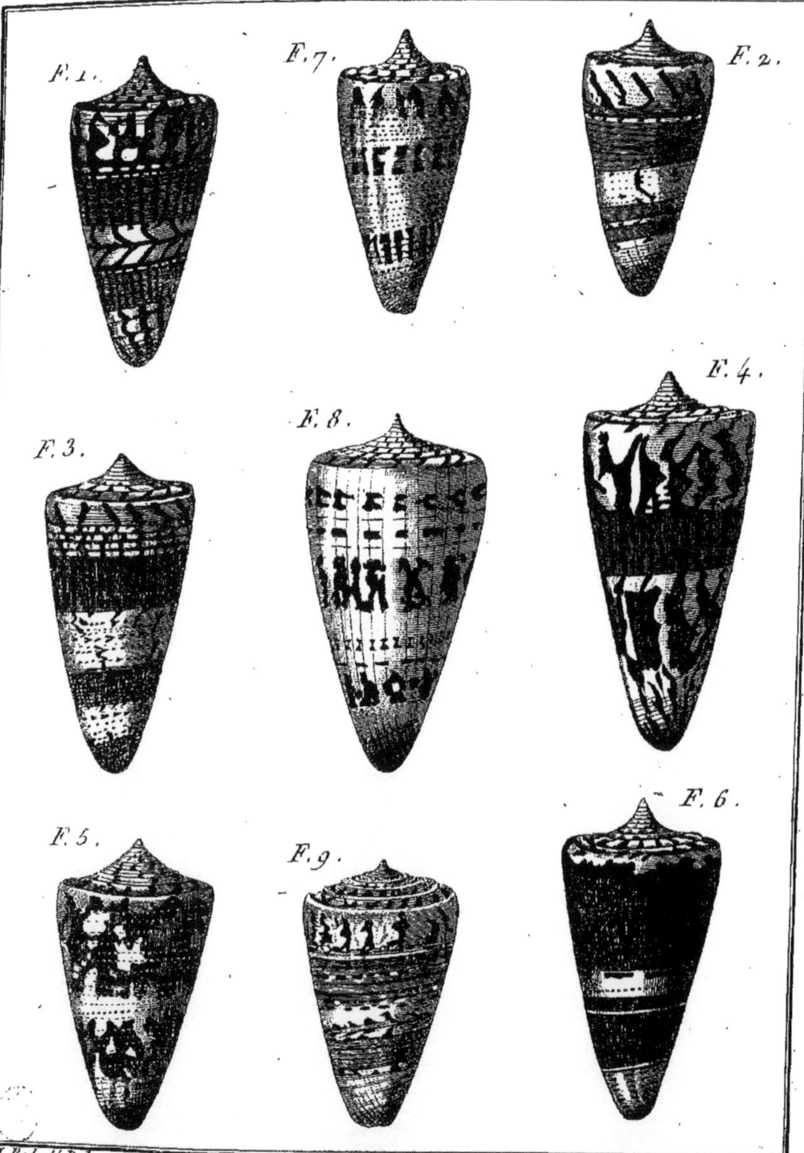

H. J. Redouté Del. Benard Direxit.

Histoire Naturelle ; Coquilles Univalves.

Cone. *Conus*. Pl. 326.

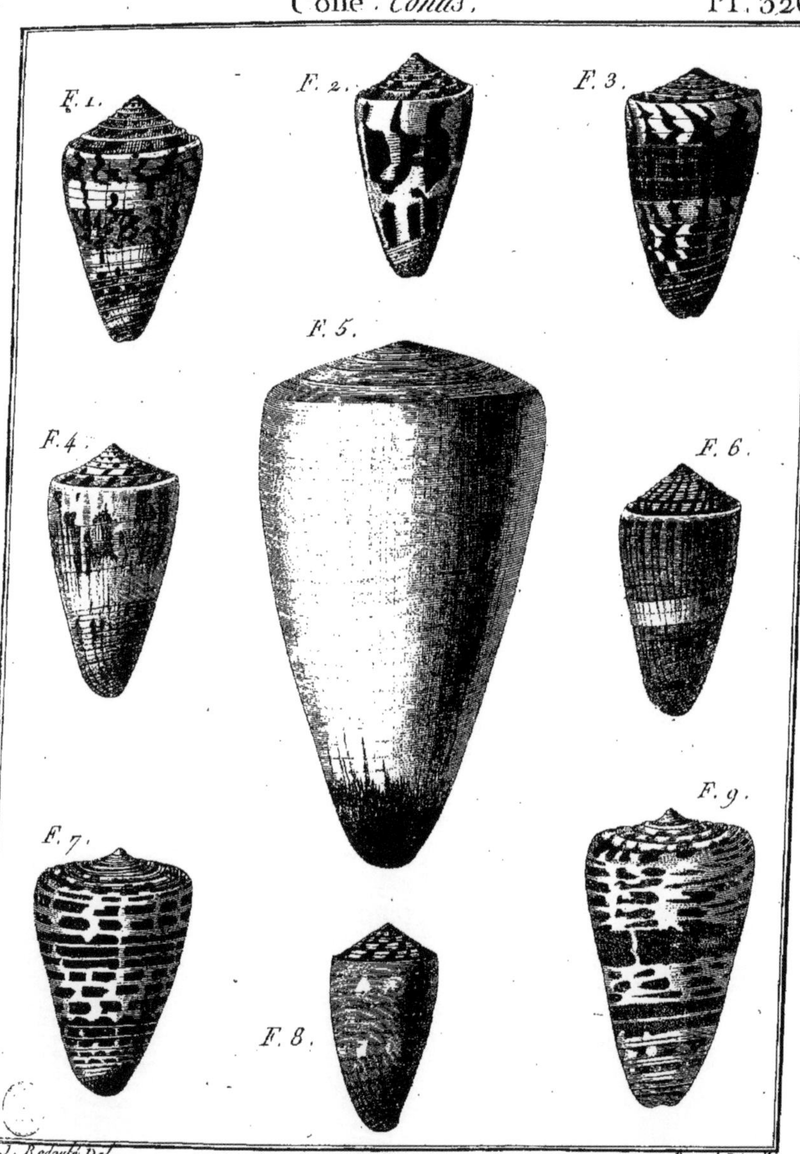

L. J. Redouté Del. Benard Direxit.

Histoire Naturelle ; Coquilles Univalves.

Cone. *Conus*. Pl. 327.

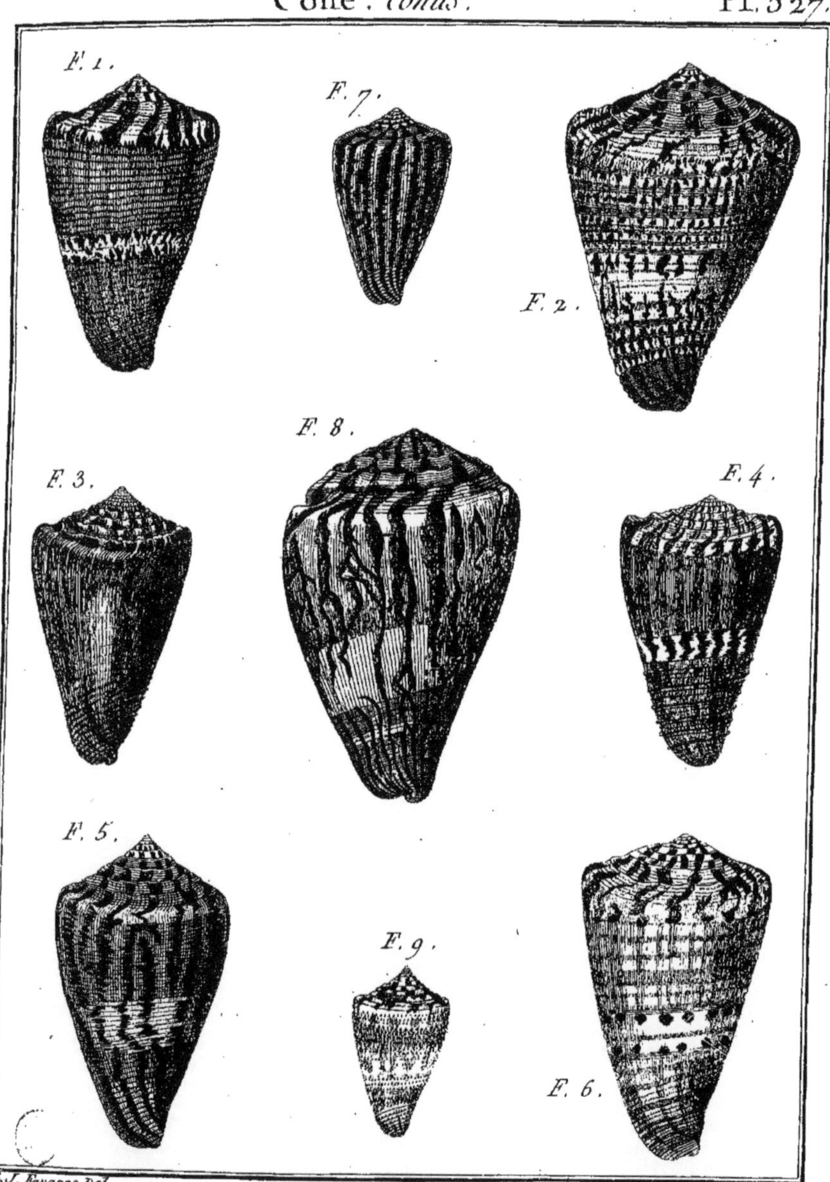

G. J. Favanne Del. Benard Direxit.

Histoire Naturelle ; Coquilles Univalves.

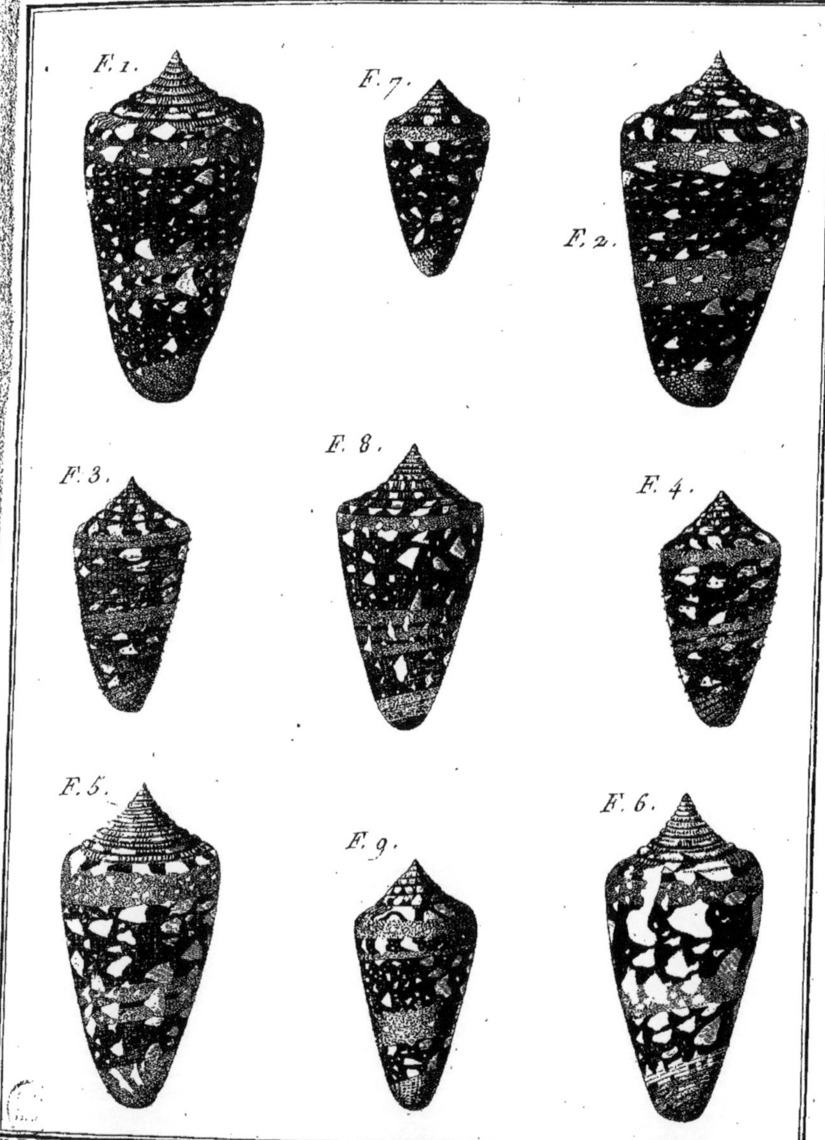

H. J. Redouté Del. Benard Direxit.

Histoire Naturelle; Coquilles Univalves.

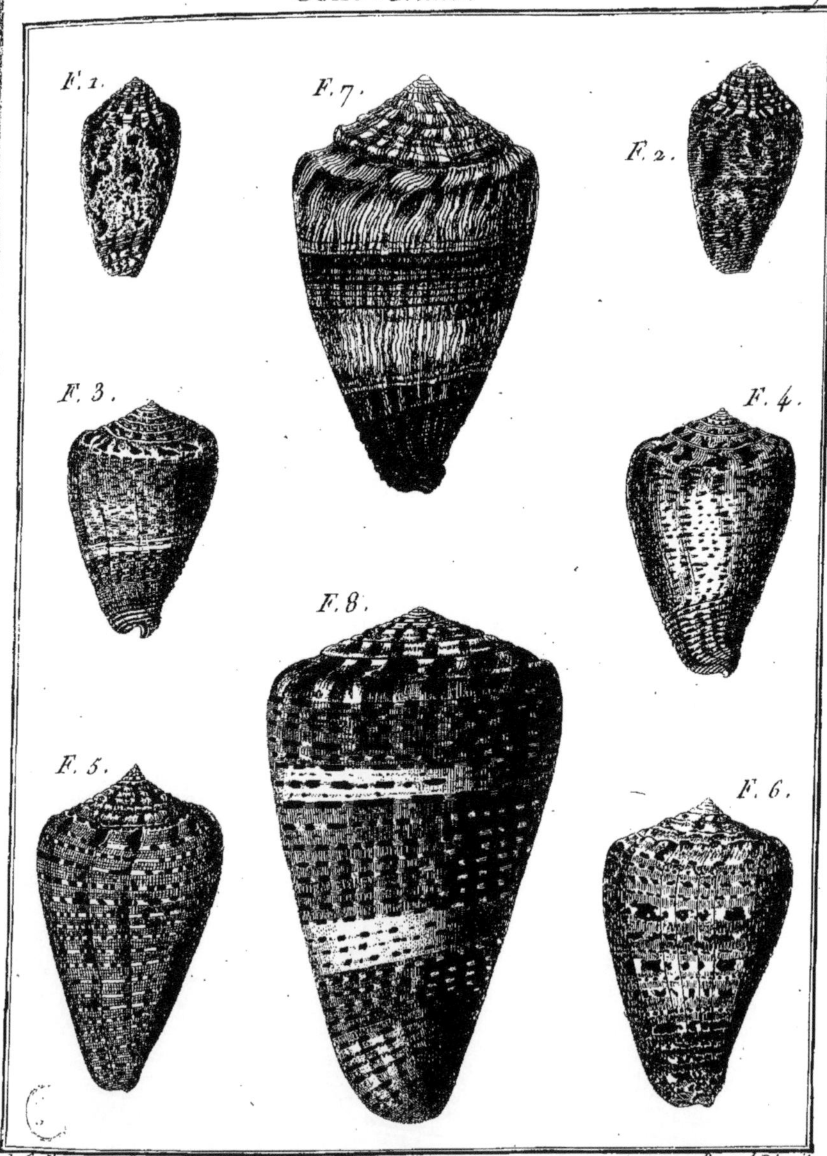

J. G. Favanne Del. Benard Direxit.

Histoire Naturelle, Coquilles Univalves.

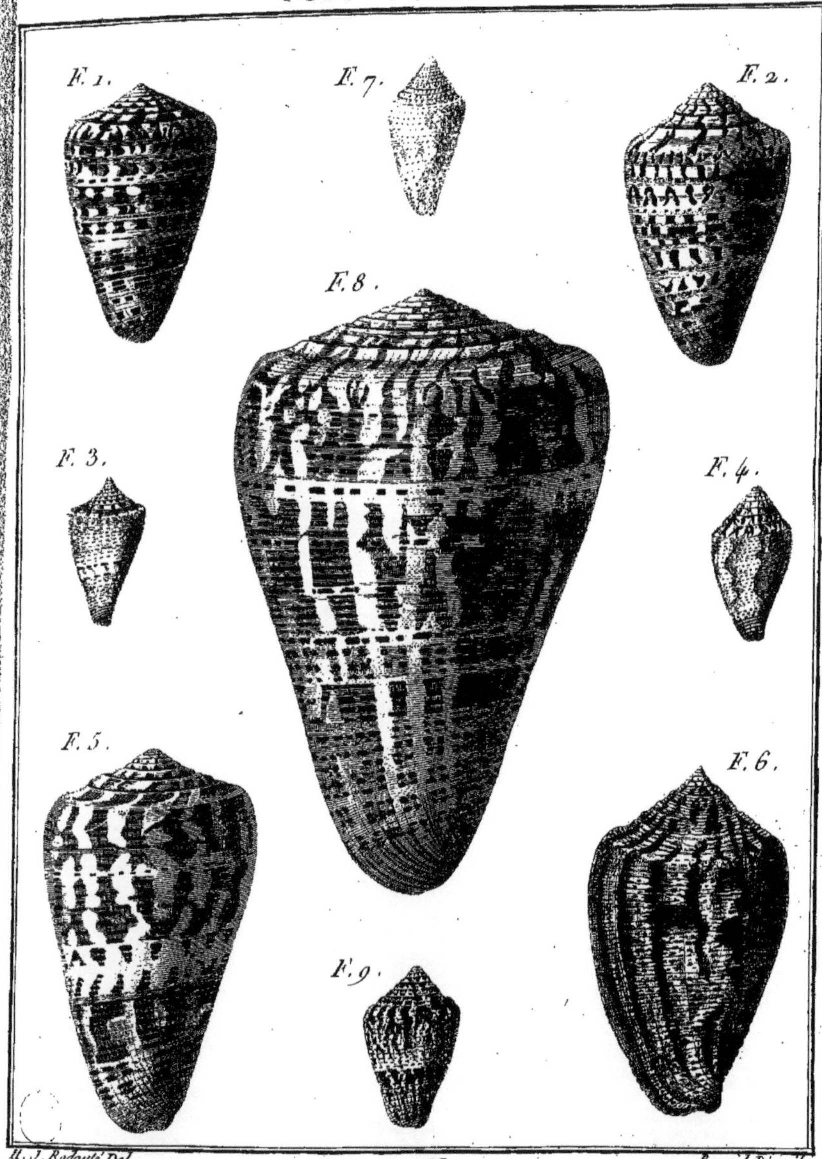

H. J. Redouté Del. Benard Direxit.

Histoire Naturelle ; Coquilles Univalves.

Cone. *Conus.* Pl. 331.

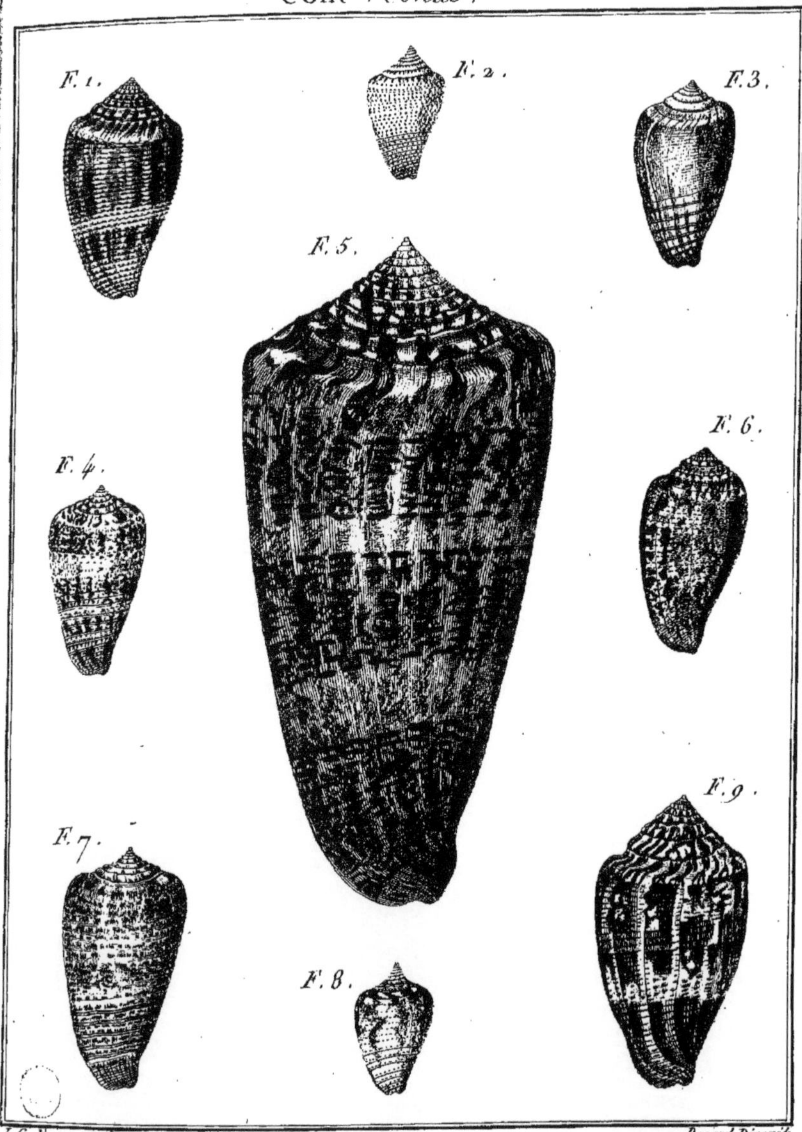

J. G. Pavanne Del. Benard Direxit.

Histoire Naturelle; Coquilles Univalves.

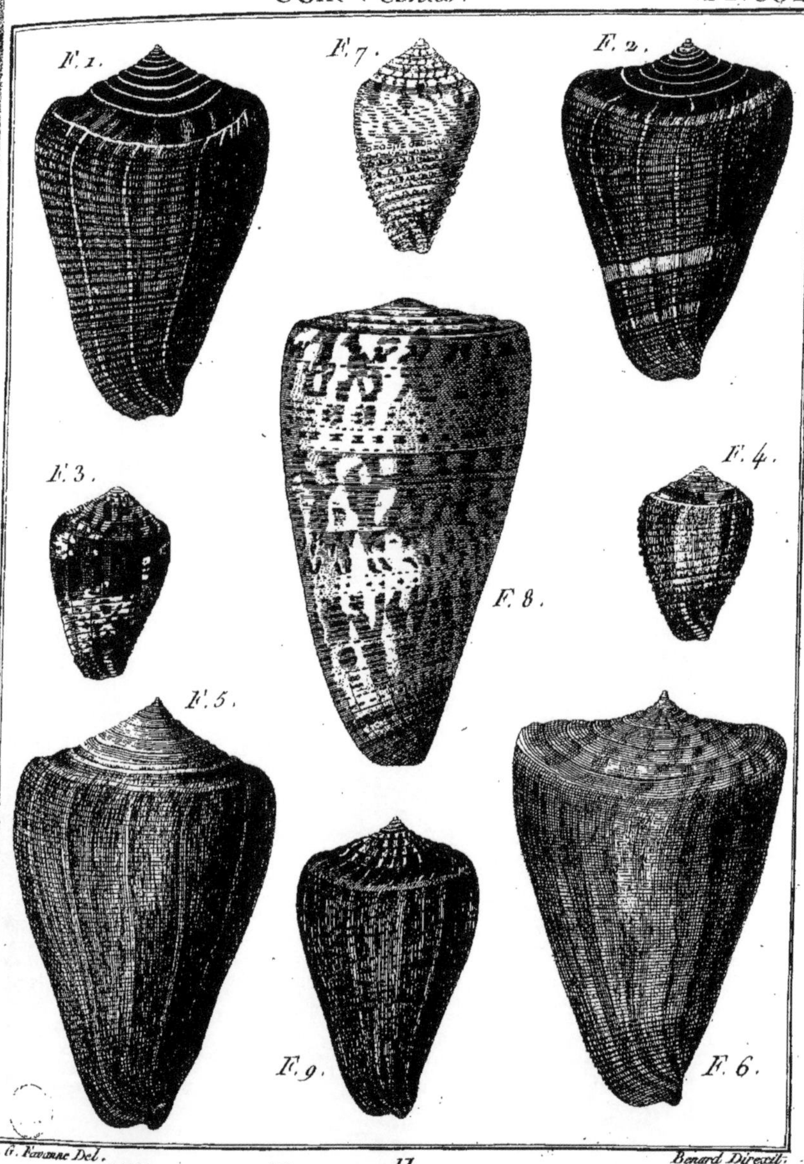

J. G. Favanne Del. Benard Direxit.

Histoire Naturelle; *Coquilles Univalves*.

Cone . *Conus* . Pl. 333.

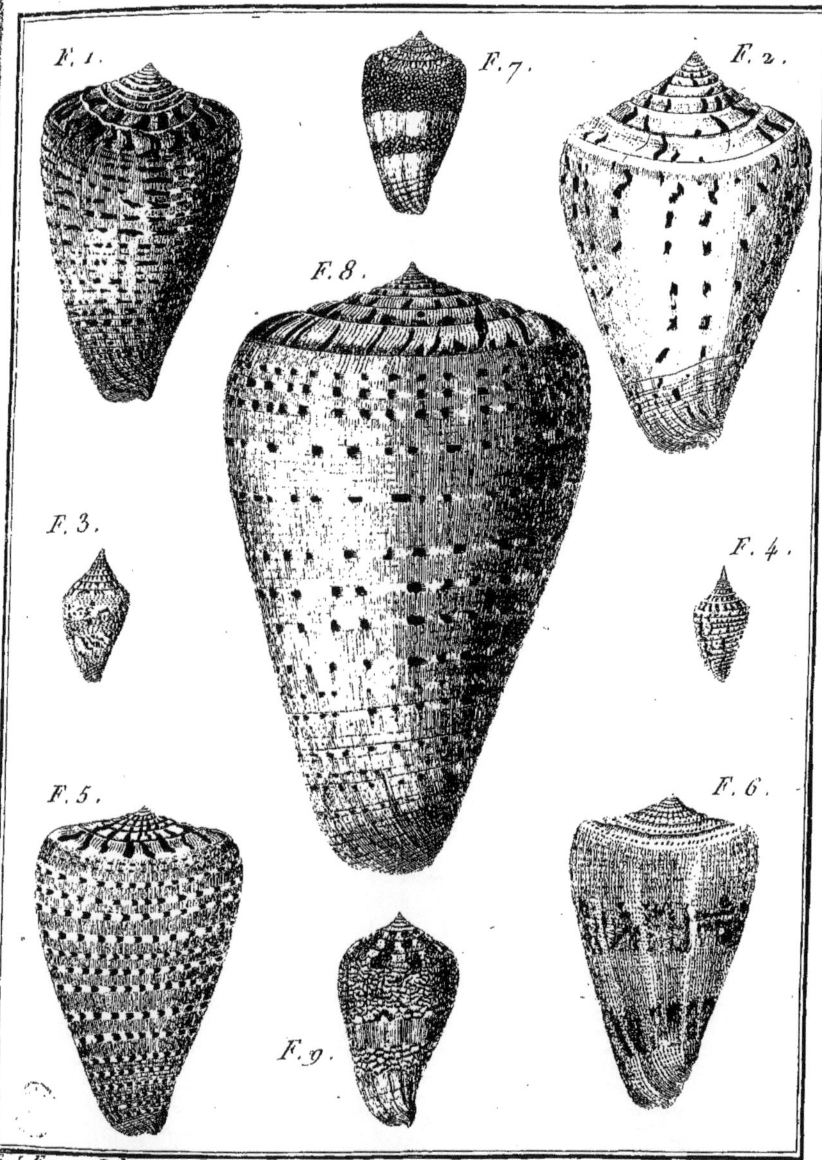

G. J. Favanne Del. Benard Direxit.

Histoire Naturelle ; Coquilles Univalves.

Cone. *Conus.* Pl. 334.

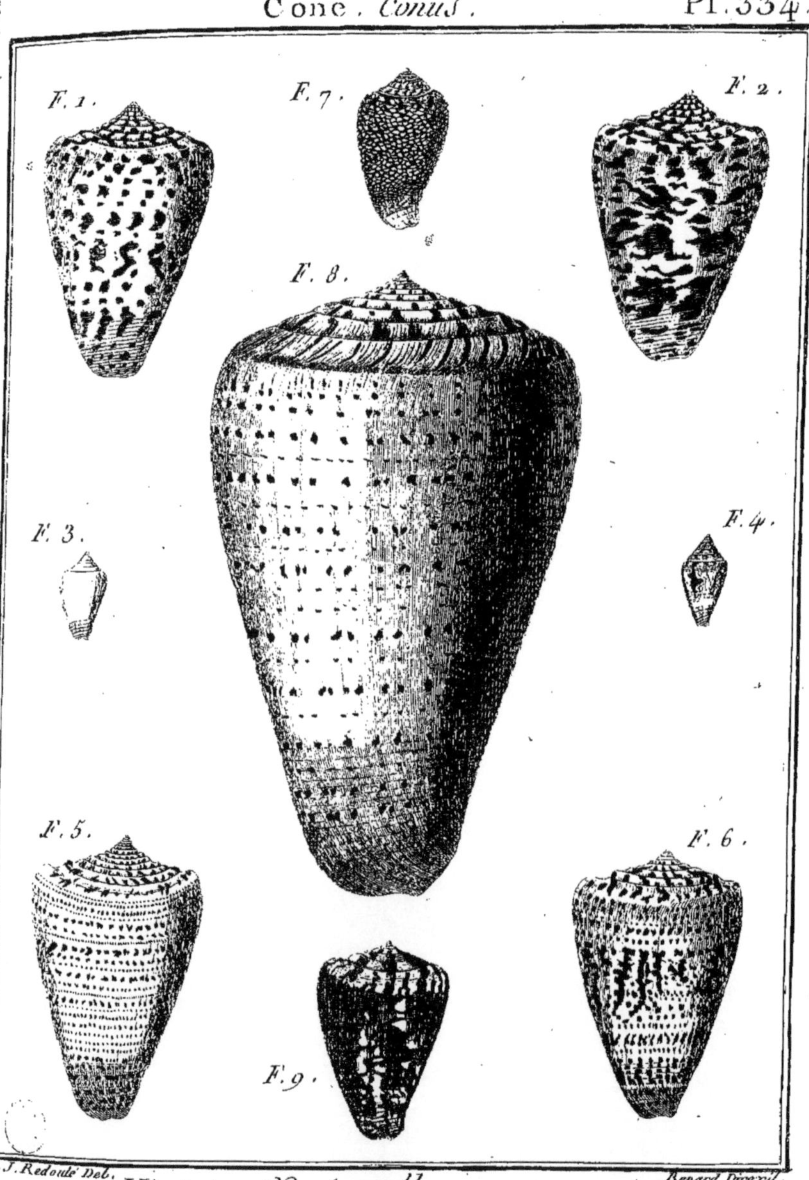

J. J. Redouté Del. Benard Direxit.

Histoire Naturelle; Coquilles Univalves. 178.

Cone . *Conus*. Pl. 335.

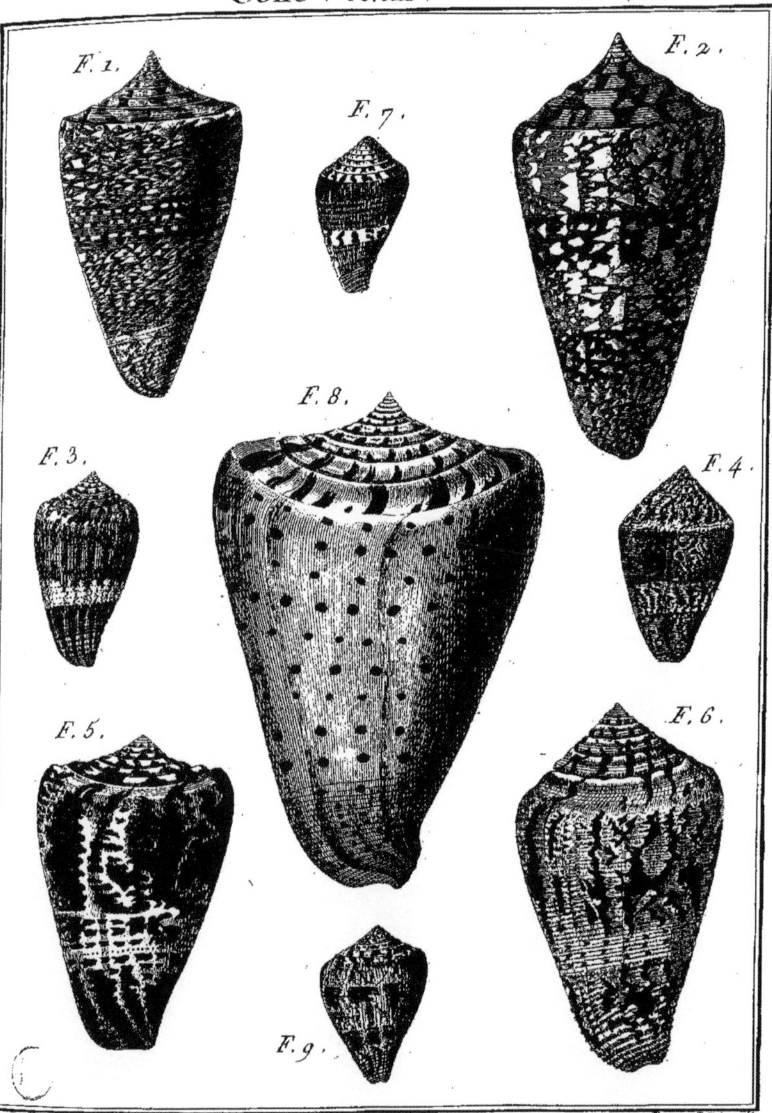

G. J. Ezvanne Del. Benard Direxit.

Histoire Naturelle; Coquilles Univalves.

Cone, *Conus*. Pl. 336.

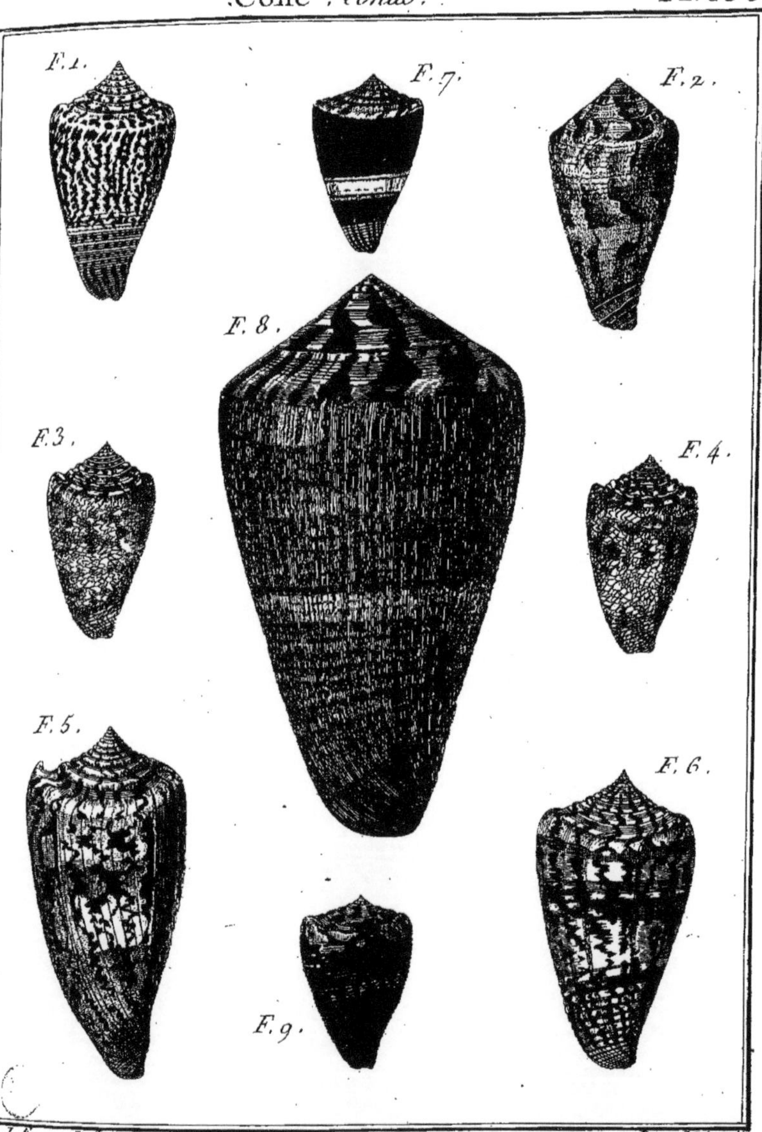

G. J. Pavanne Del. Benard Direxit.

Histoire Naturelle; *Coquilles Univalves*.

Cone. *Conus*. Pl. 337.

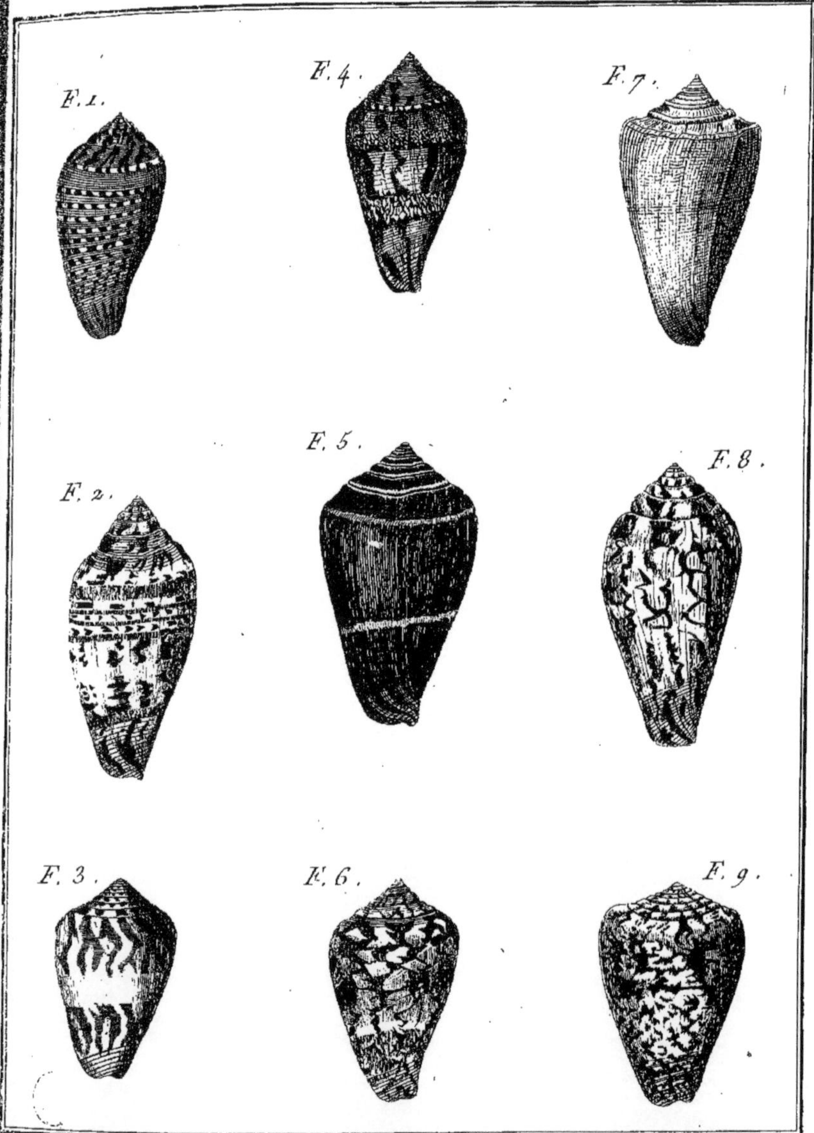

G. J. Favanne Del. Benard Direxit.

Histoire Naturelle; *Coquilles Univalves*.

Cone. *Conus.* Pl. 338.

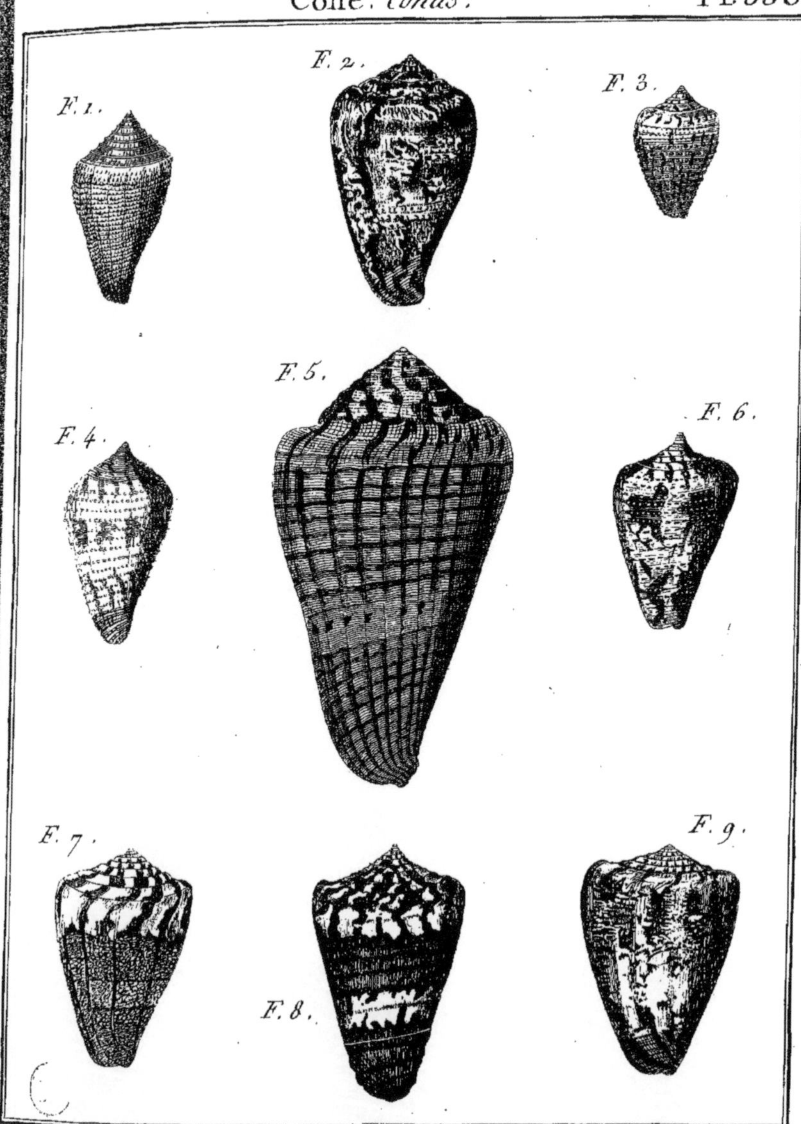

G. J. Favanne Del. Benard Direxit

Histoire Naturelle ; Coquilles Univalves. 180.

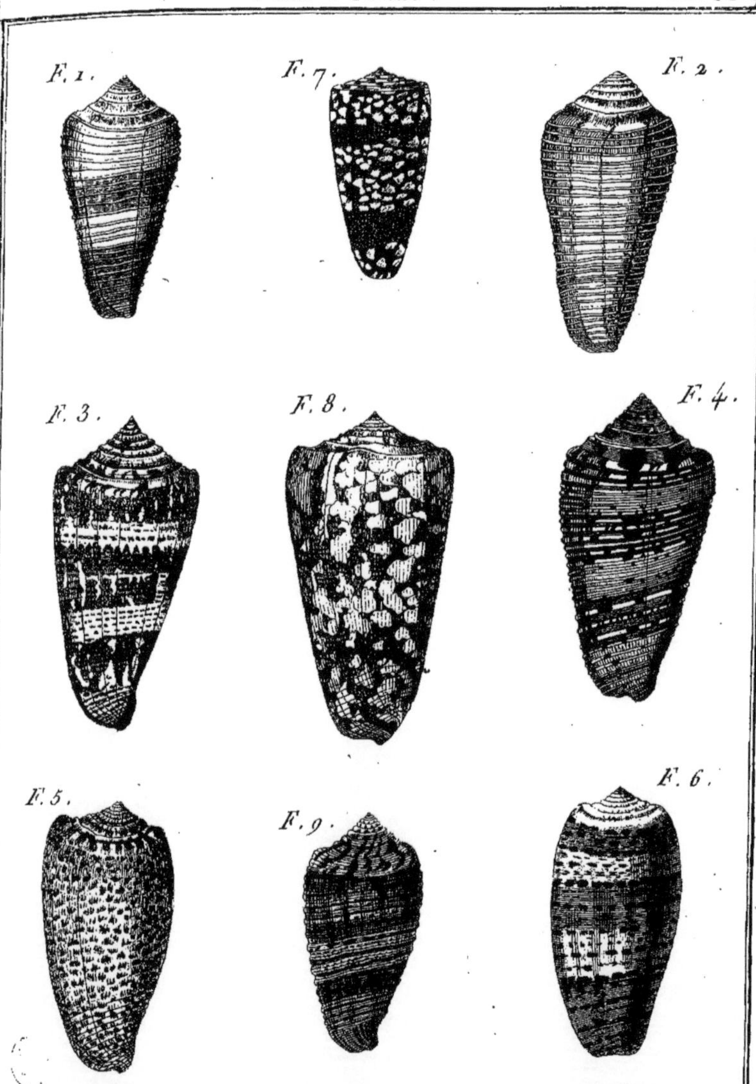

G. J. Favanne Del. Benard Direxit

Histoire Naturelle ; Coquilles Univalves.

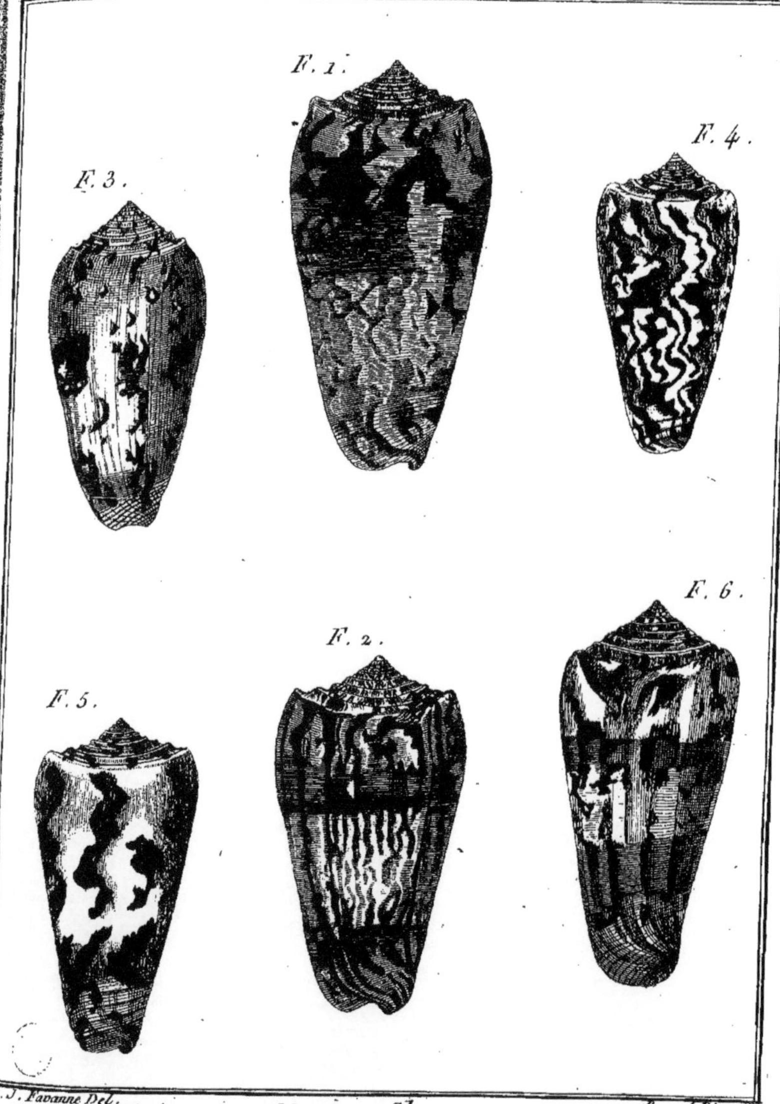

F. J. Favanne Del. Benard Direxit.

Histoire Naturelle; Coquilles Univalves.

Cone . *Conus*. Pl. 341.

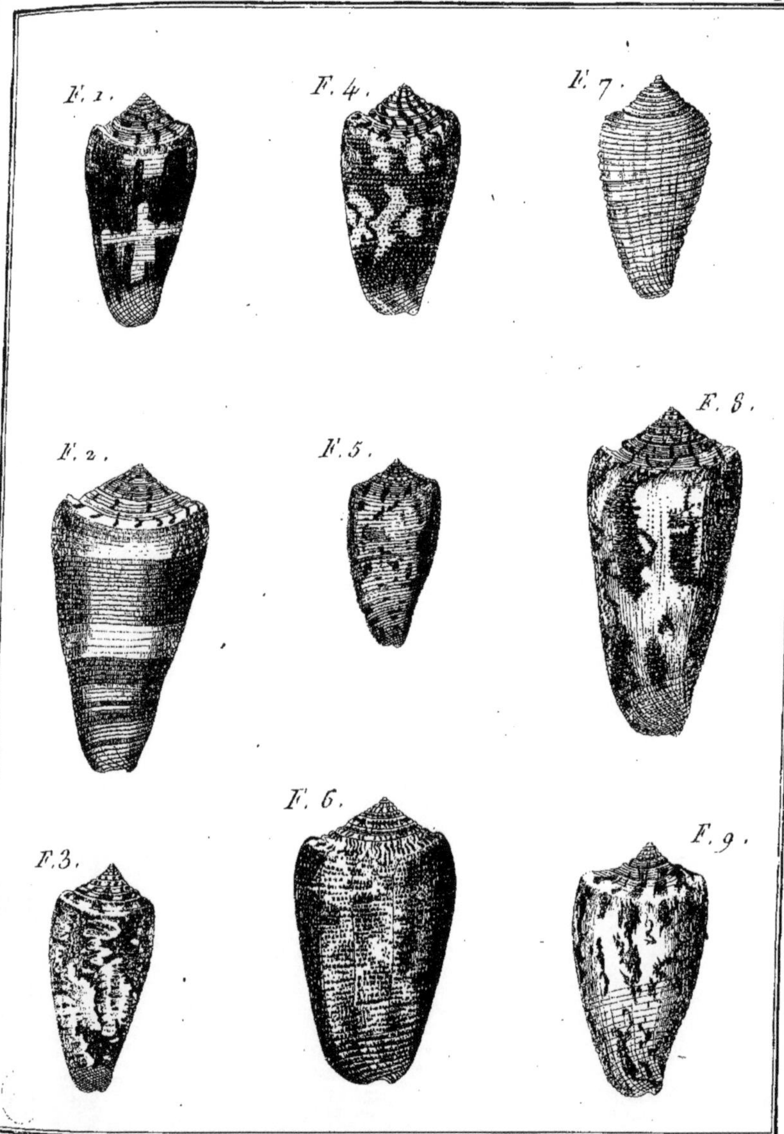

J. Favanne Del. Benard Direxit

Histoire Naturelle; *Coquilles Univalves*.

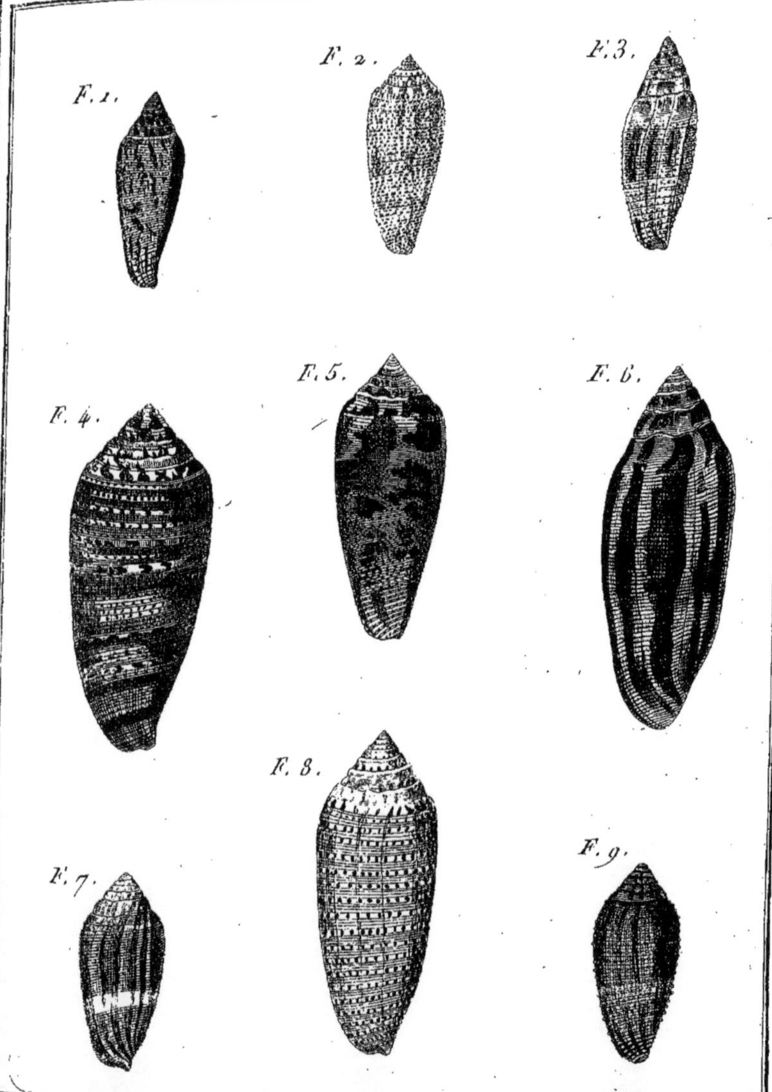

G. J. Bavanne Del. Benard Direxit.

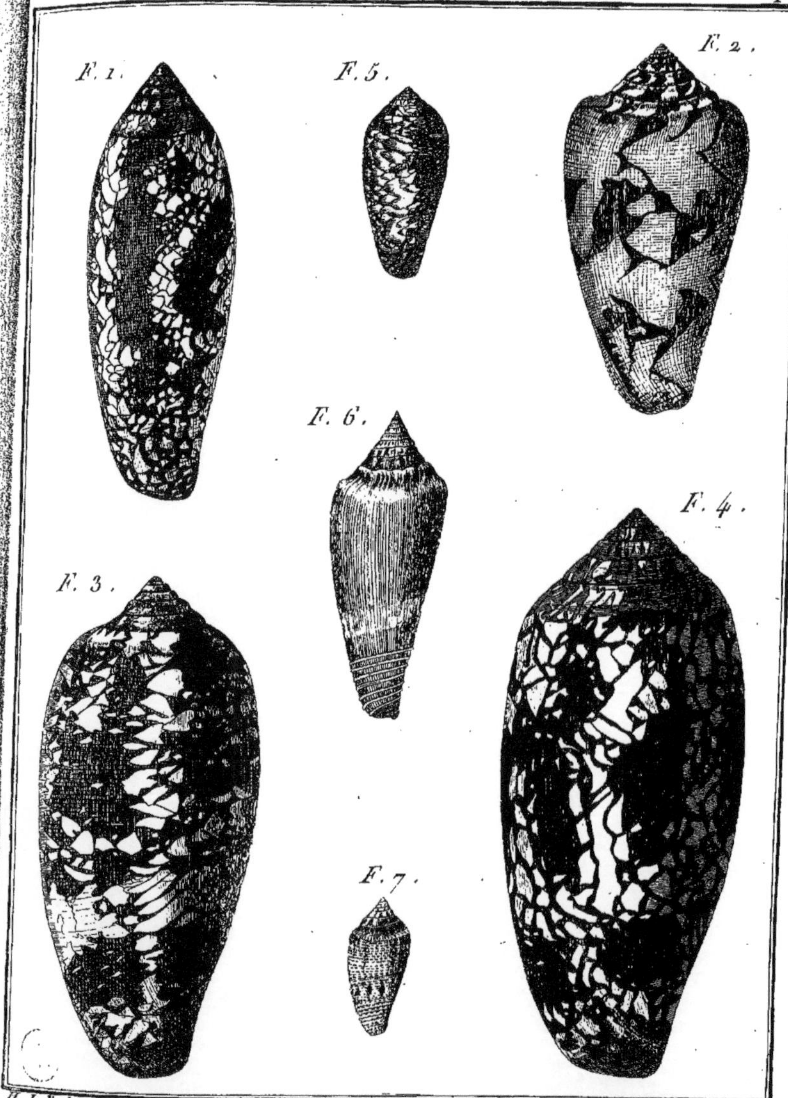

H. J. Redouté Del. Benard Direxit.

Histoire Naturelle ; Coquilles Univalves.

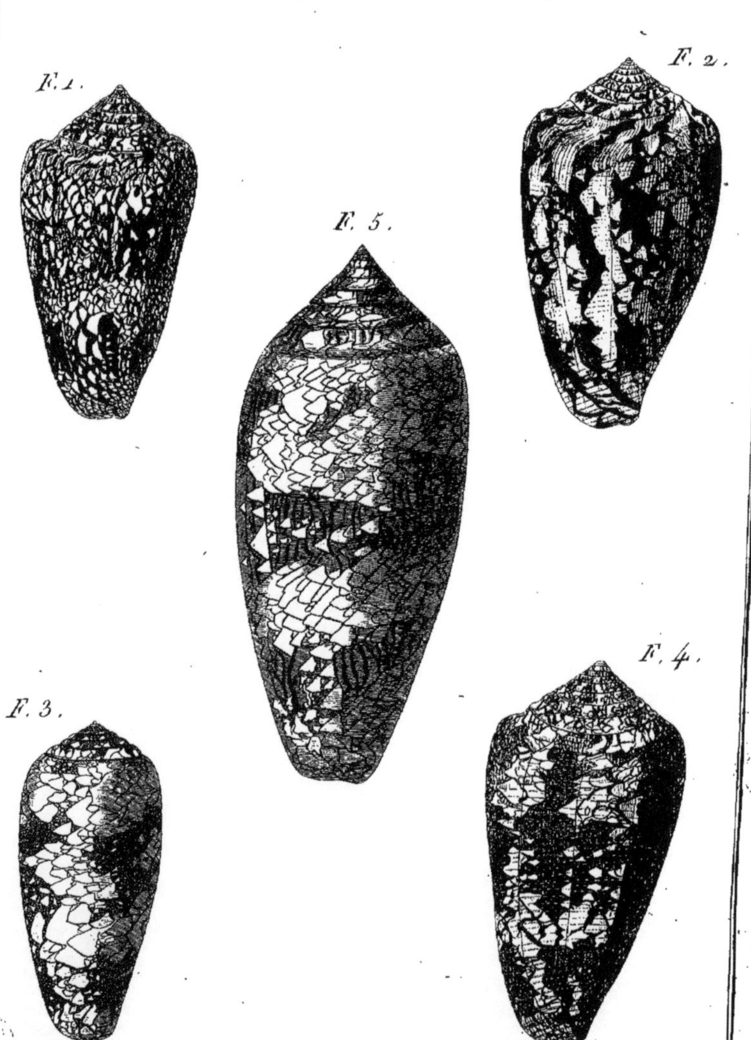

...l. Favanne Del. Benard Direxit.

Histoire Naturelle ; Coquilles Univalves .

Cone . *Conus*. Pl. 345.

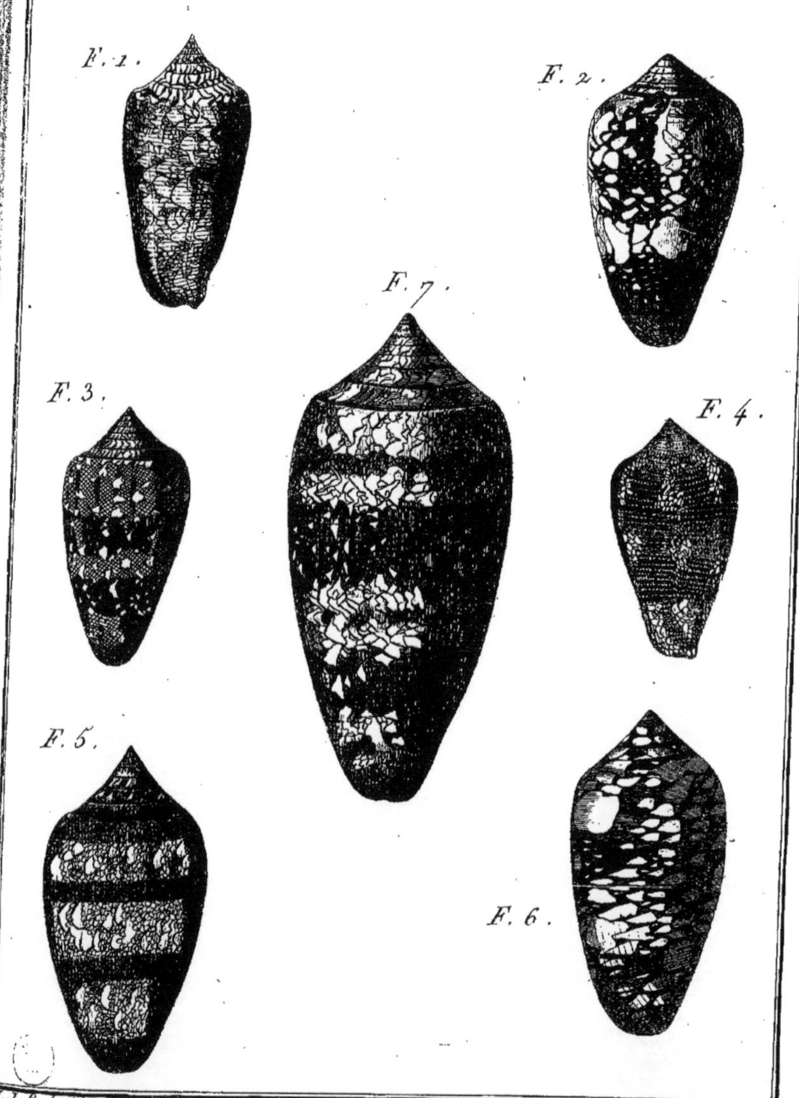

H. J. Redouté Del. — Benard Direxit.

Histoire Naturelle; Coquilles Univalves.

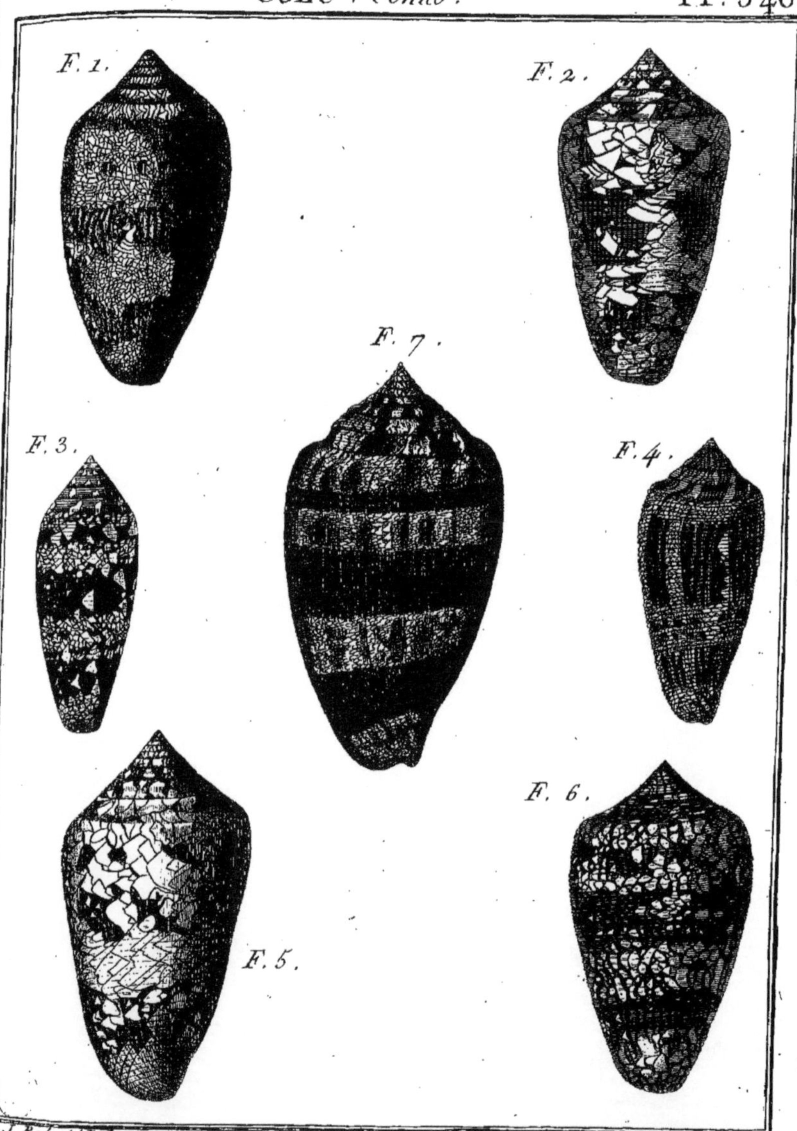

L. J. Redouté Del. Benard Direxit.

Histoire Naturelle ; Coquilles Univalves. 284

Cone . *Conus* . Pl. 347.

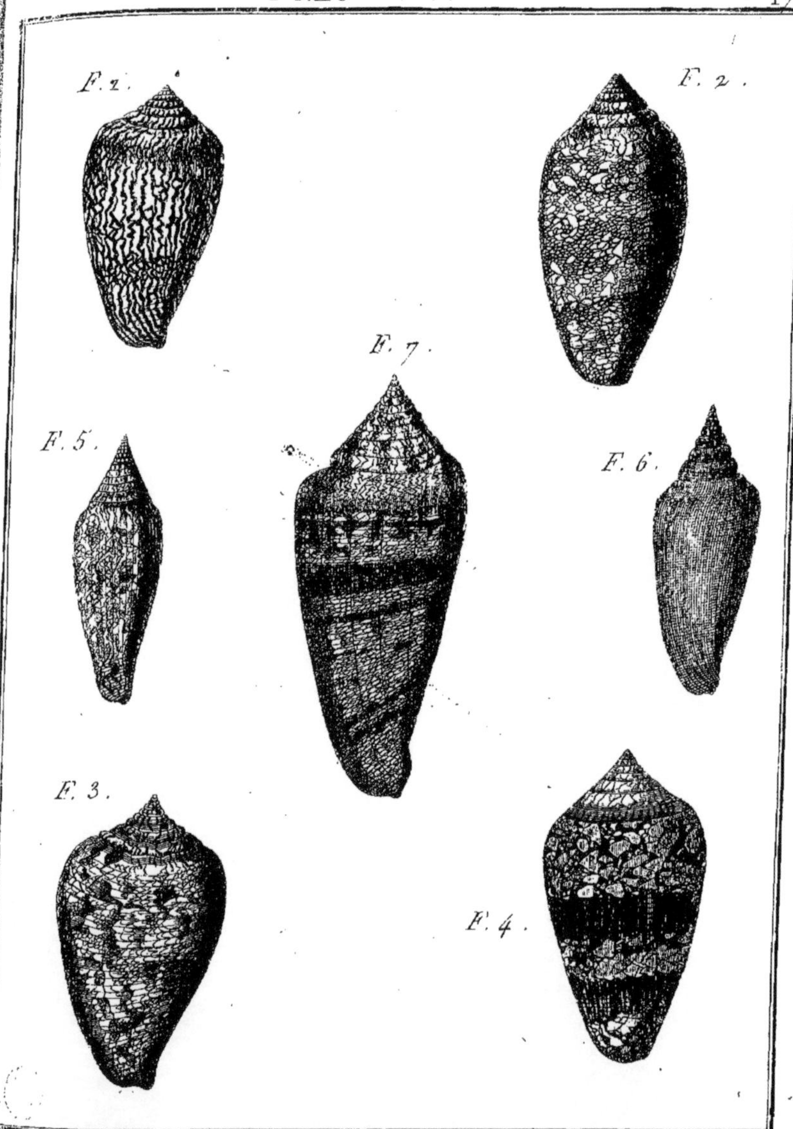

F. J. Favanne Del. Benard Direxit.

Histoire Naturelle ; Coquilles Univalves.

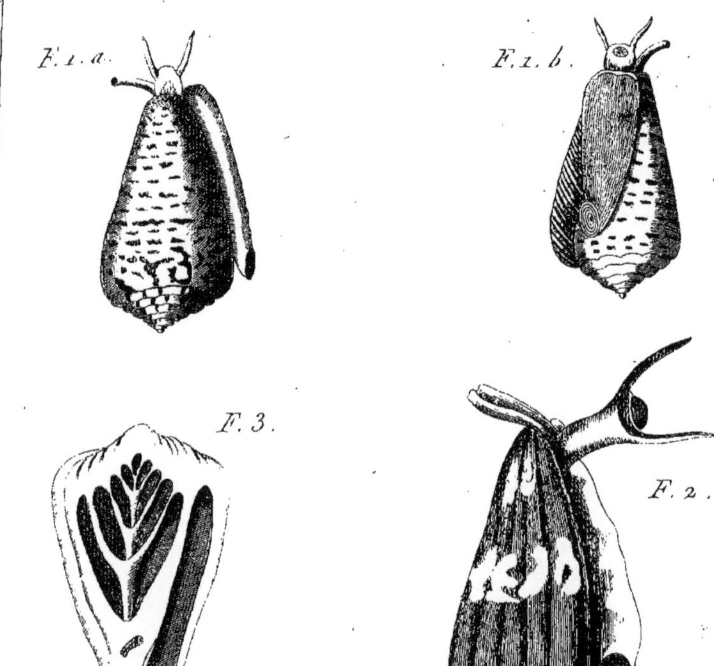

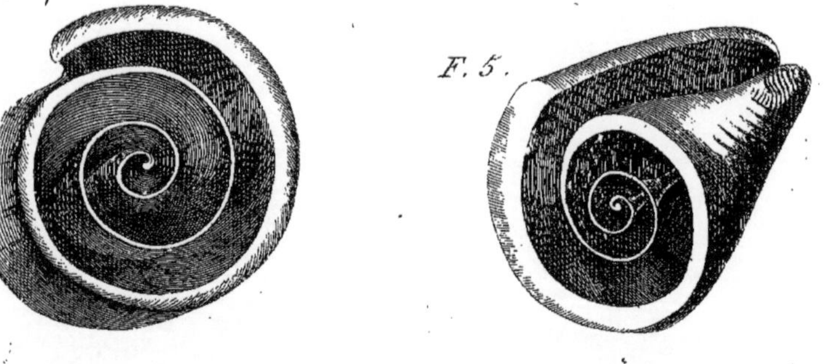

Benard Direxit

Histoire Naturelle ; Coquilles Univalves.

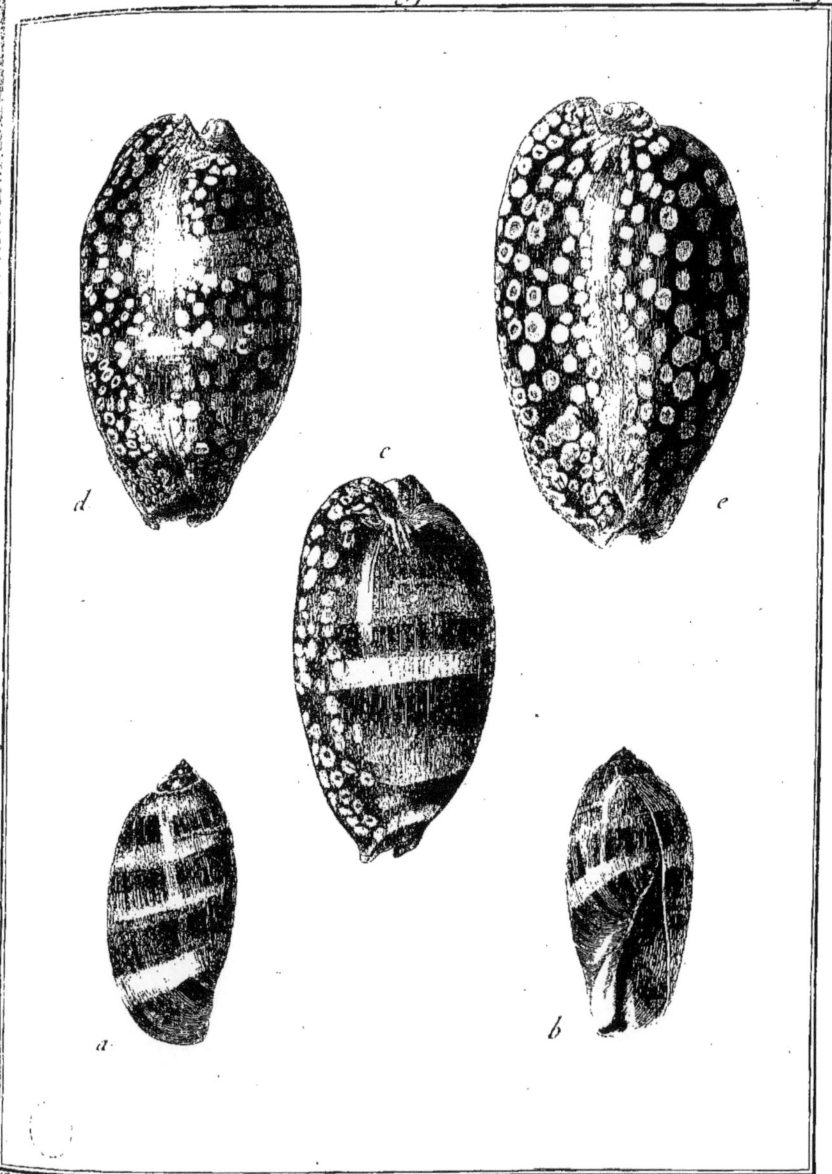

Marechal Del. Benard Direxit.

Histoire Naturelle, Coquilles Univalves.

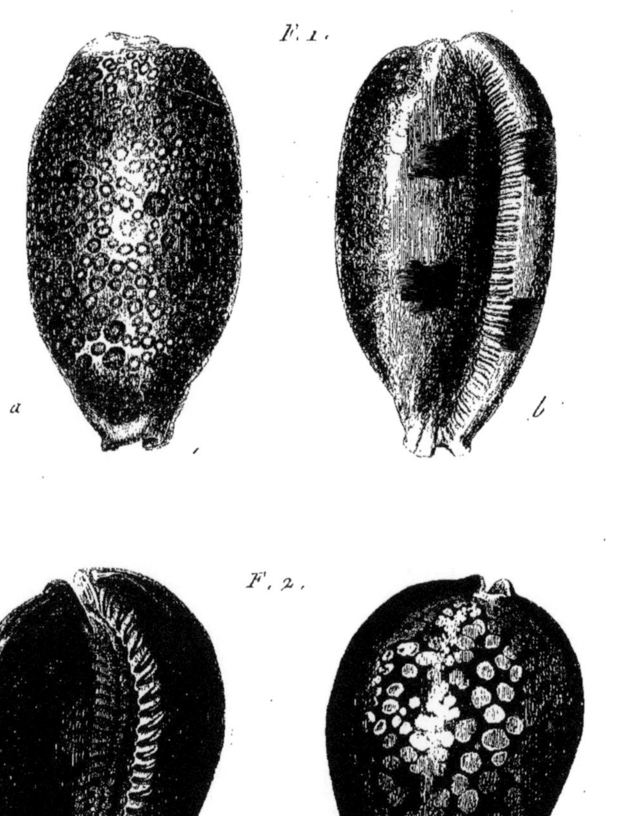

Marechal Del. Benard Direxit.

Histoire Naturelle; Coquilles Univalves.

Porcelaine. *Cypræa.* Pl. 351.

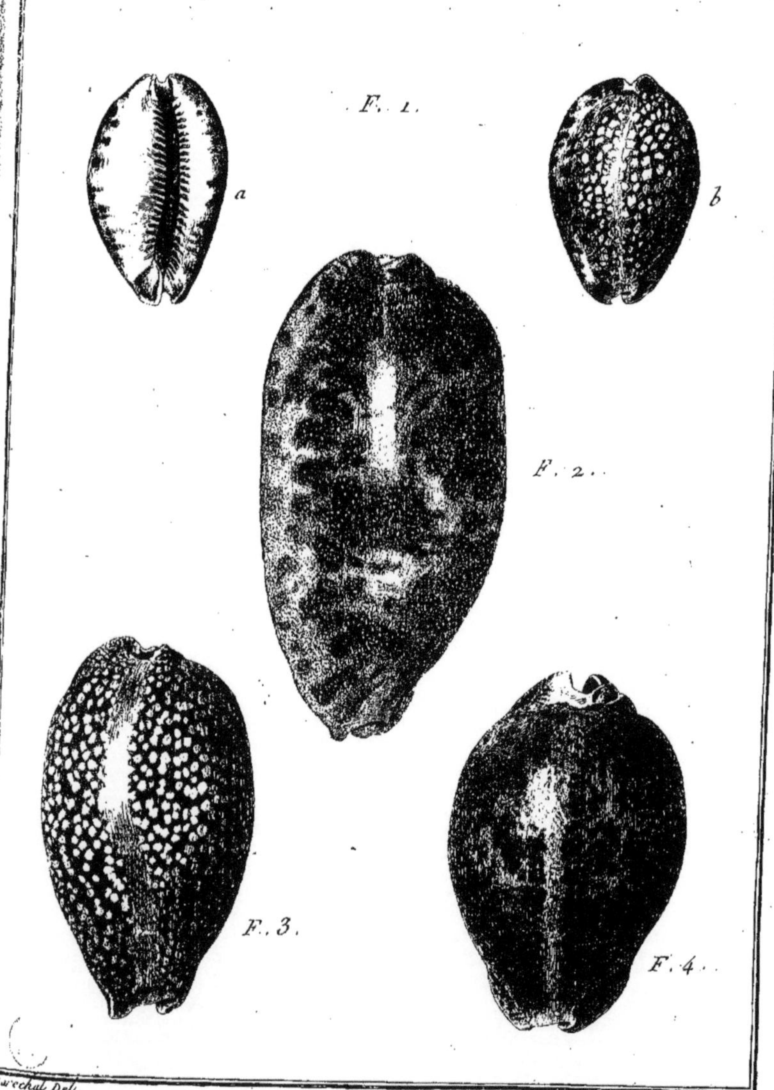

Marechal Del. Benard Direxit.

Histoire Naturelle, Coquilles Univalves.

Marechal Del. Benard Direxit

Histoire Naturelle, Coquilles Univalves.

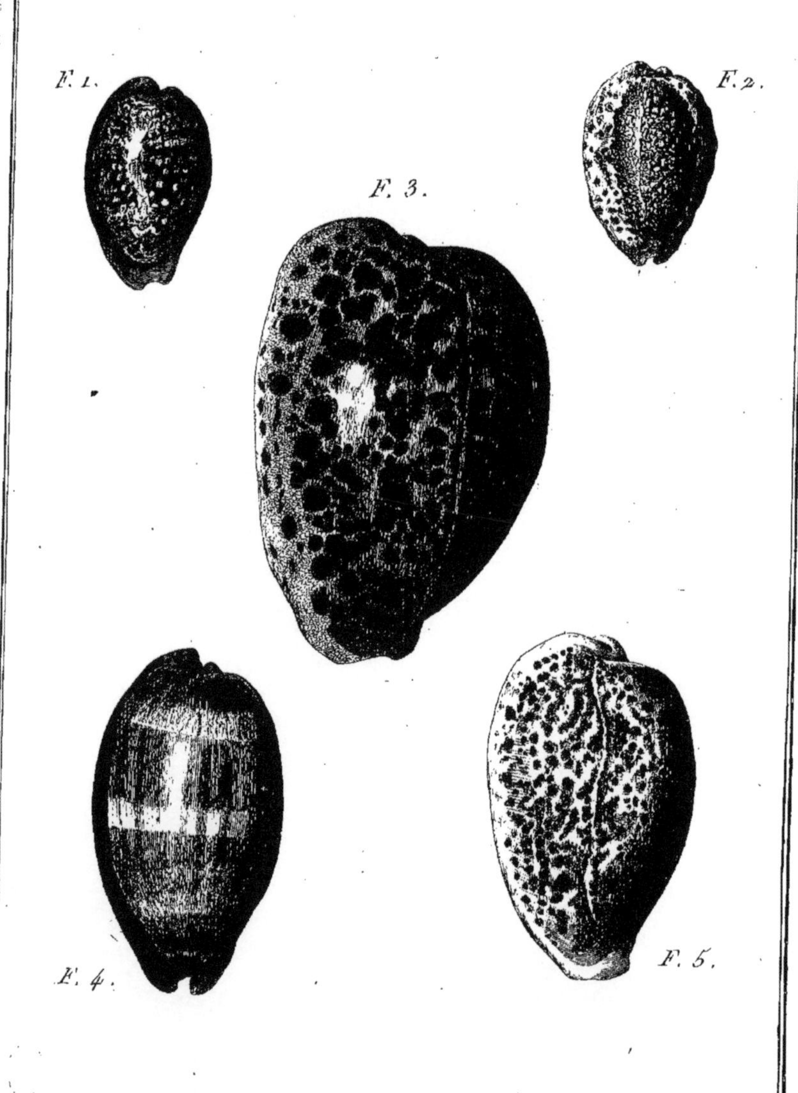

Marechal Del. Benard Direxit.

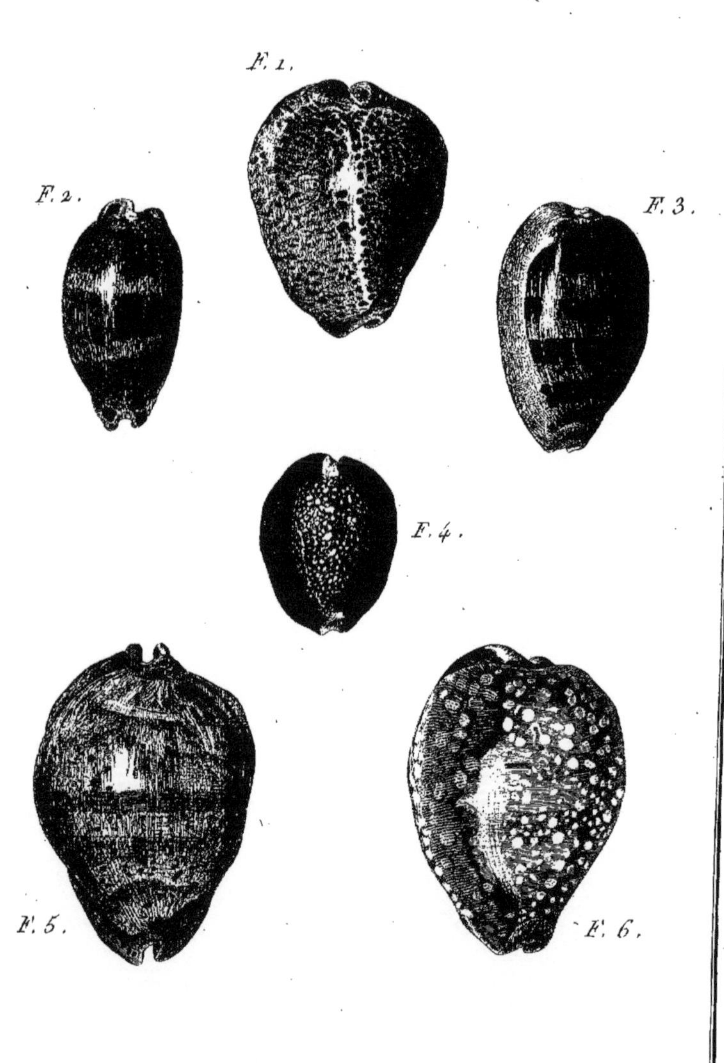

Marechal Del. Benard Direxit.

Histoire Naturelle ; Coquilles Univalve.

Porcelaine , *Cypræa*. Pl. 355.

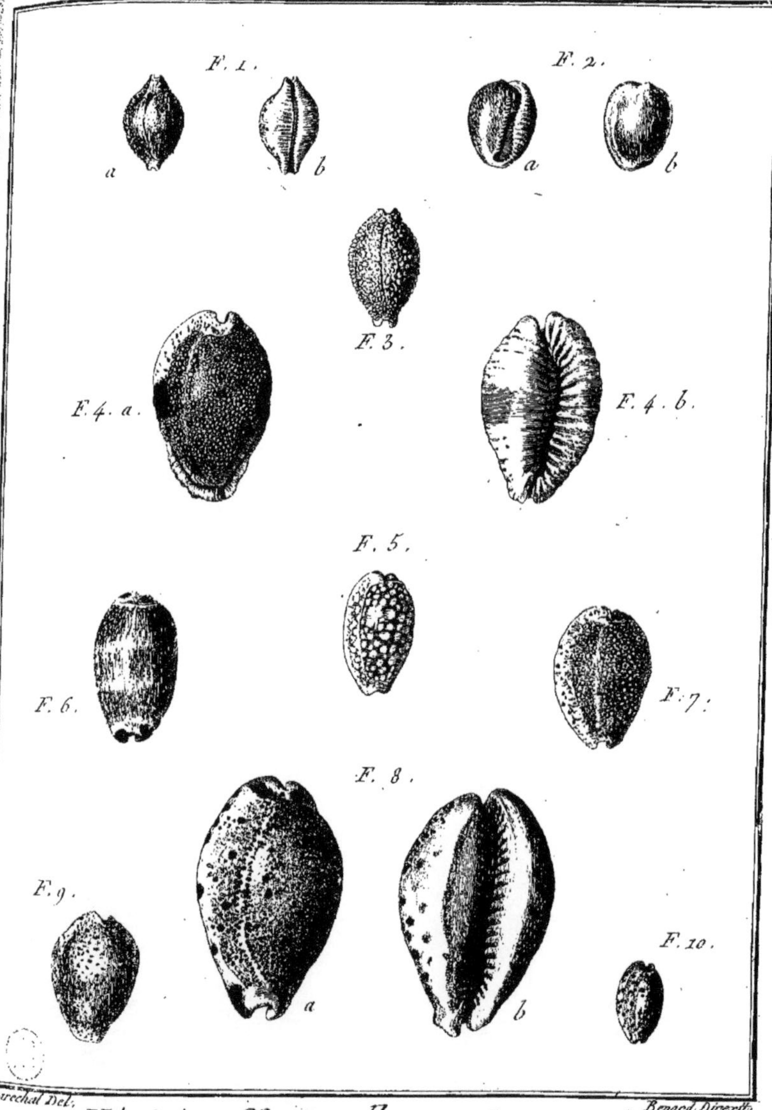

Marechal Del. Benard Direxit.

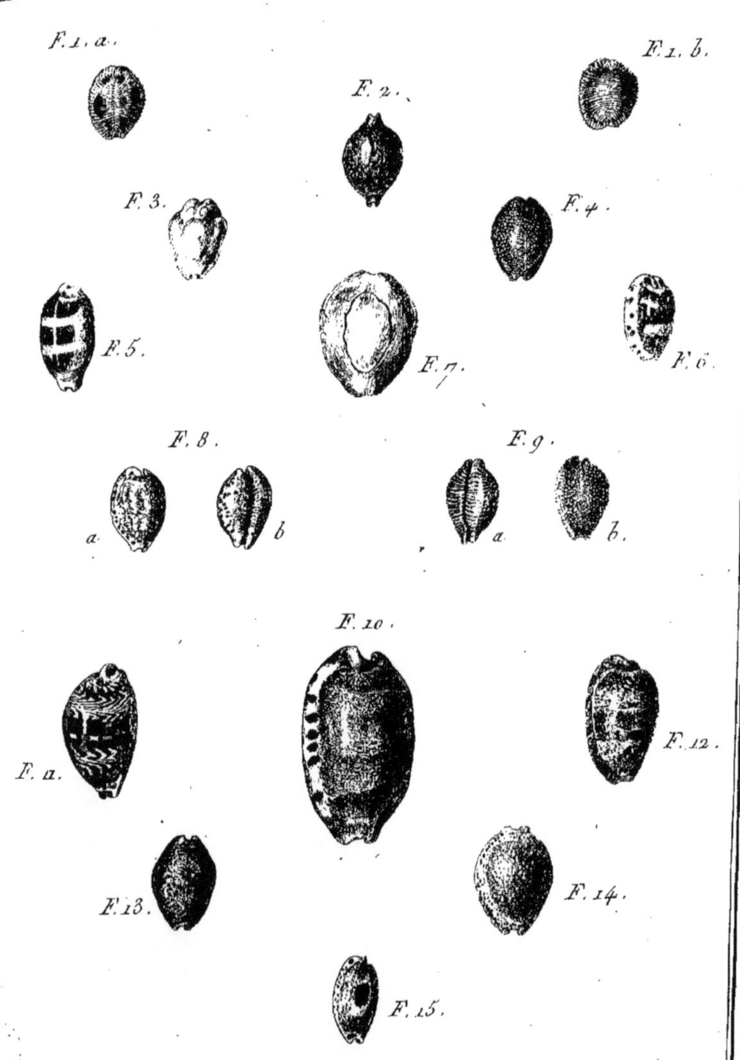

Marechal Del. Benard Direxit.

Histoire Naturelle, Coquilles Univalves.

Ovule. *Ovula.* Pl. 357.

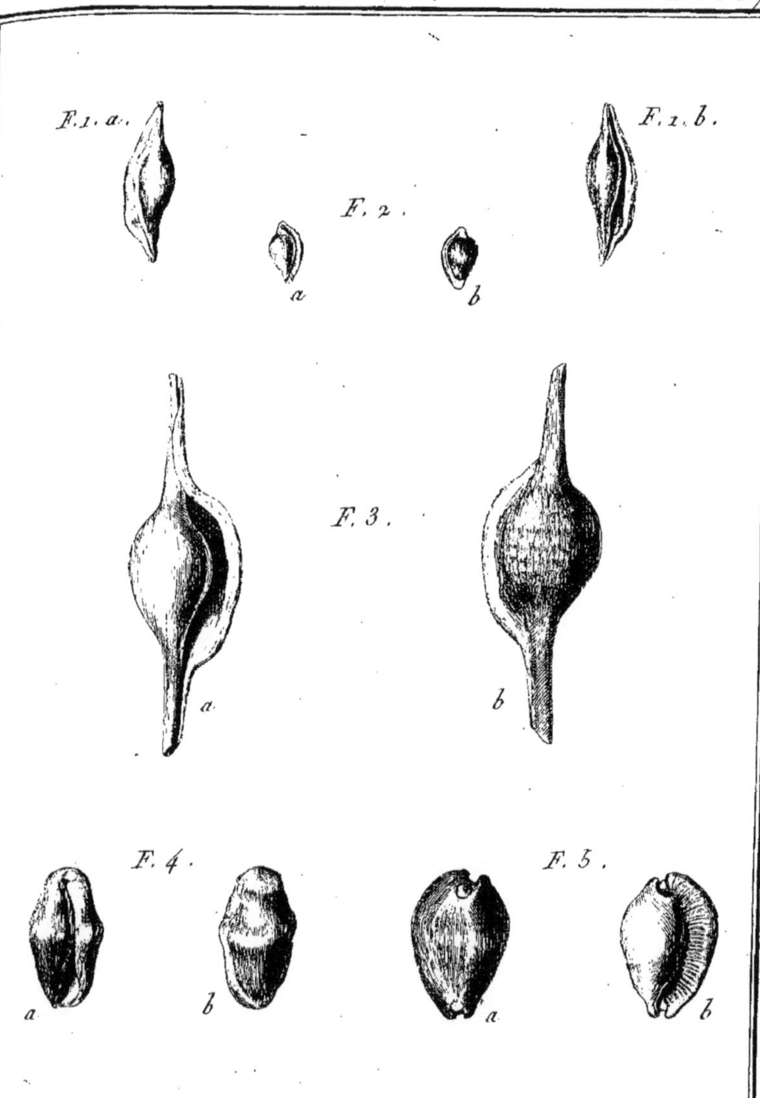

Marechal Del. Benard Direxit.

Histoire Naturelle; Coquilles Univalves.

Ovule . *Ovula*.

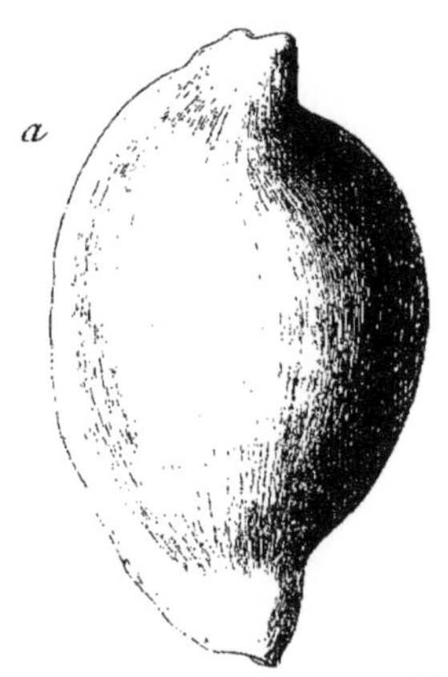
a

F. 1.

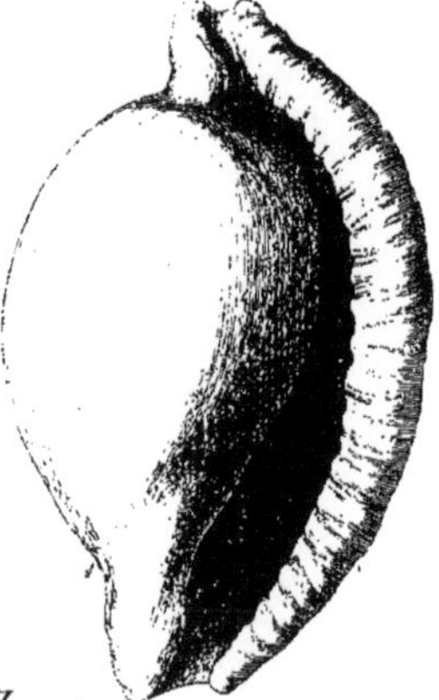
b

Bulle. *Bulla*.

a

b

F. 2.

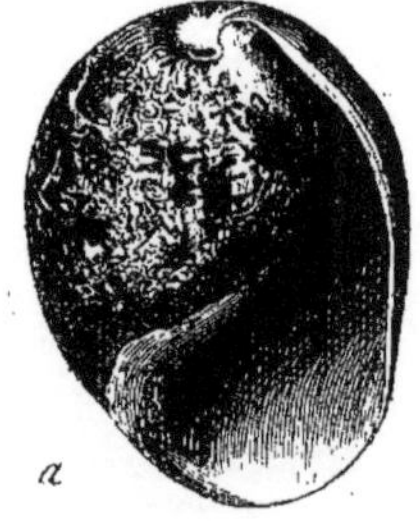
a

F. 3.

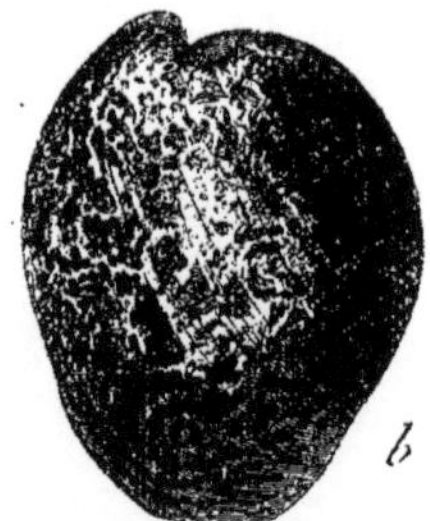
b

Marechal Del. *Benard Direxit.*

Histoire Naturelle ; Coquilles Univalves.

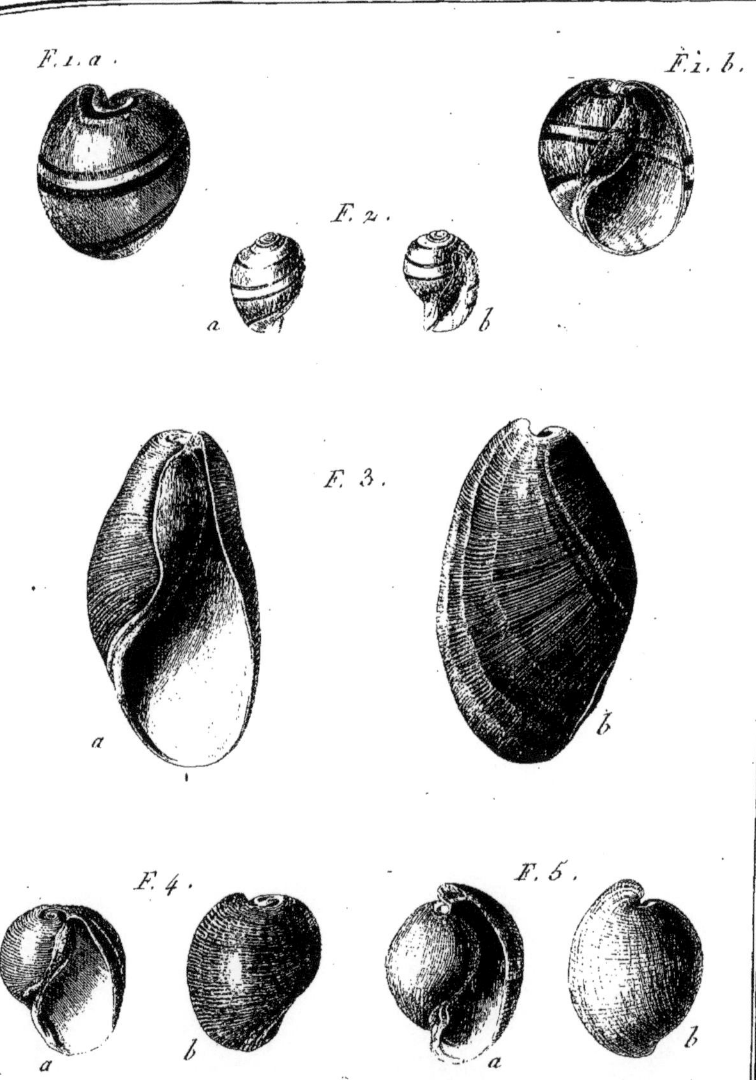

Marechal Del. Benard Direx.

Histoire Naturelle; Coquilles Univalves.

Bulle. *Bulla*. Pl. 360.

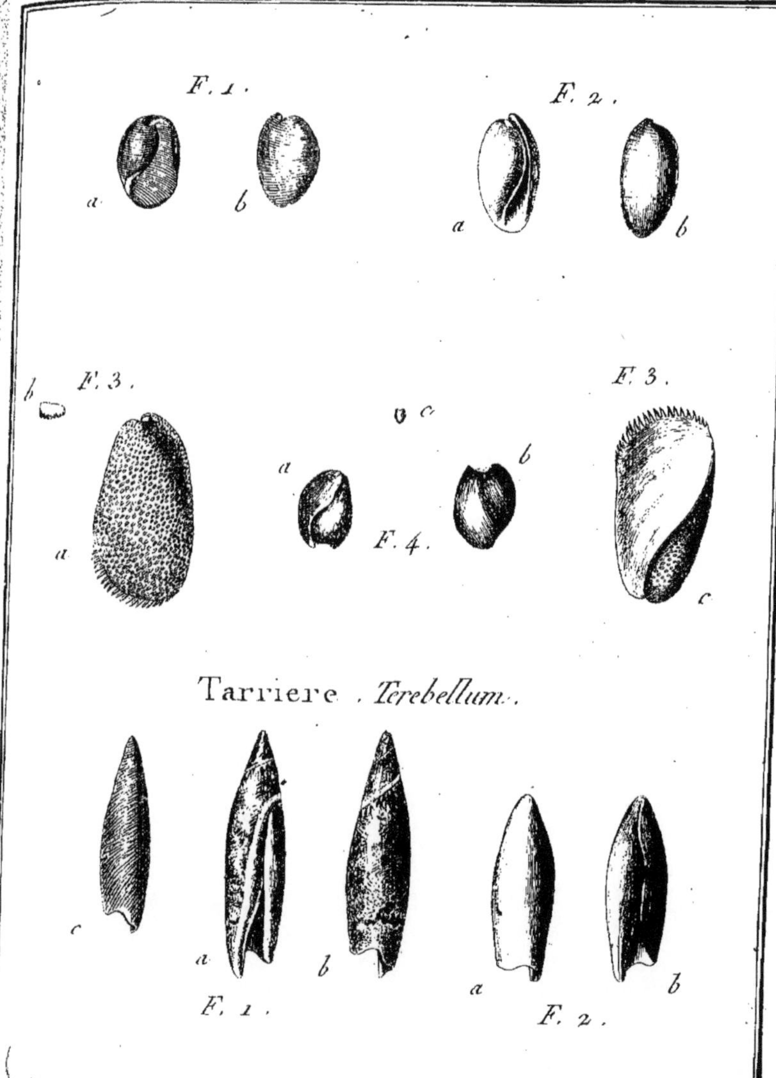

Marchal Del. Benard Direxit.

Histoire Naturelle, Coquilles Univalves. 191.

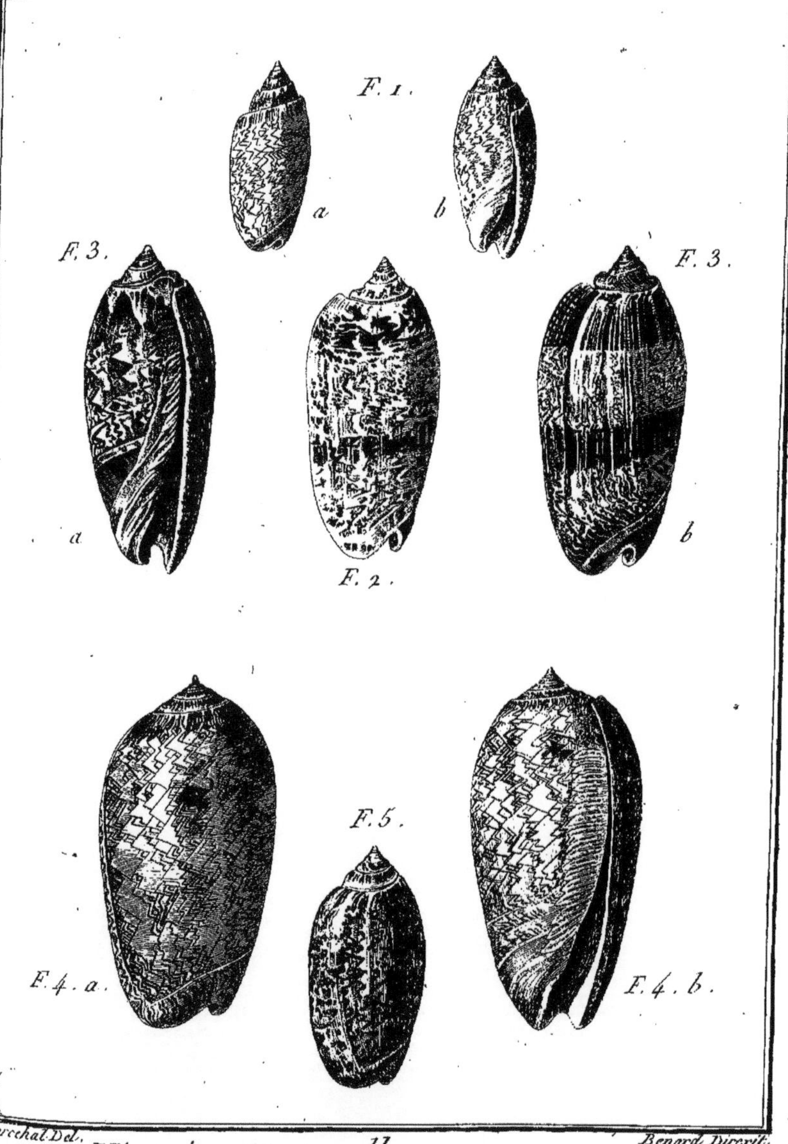

Marchal Del. Benard Direxit.

Histoire Naturelle ; Coquilles Univalves.

Olive. *Oliva.* Pl. 362.

Marechal Del. *Benard Direxit.*

Histoire Naturelle, Coquilles Univalves. 192.

Olive. *Oliva*. Pl. 363.

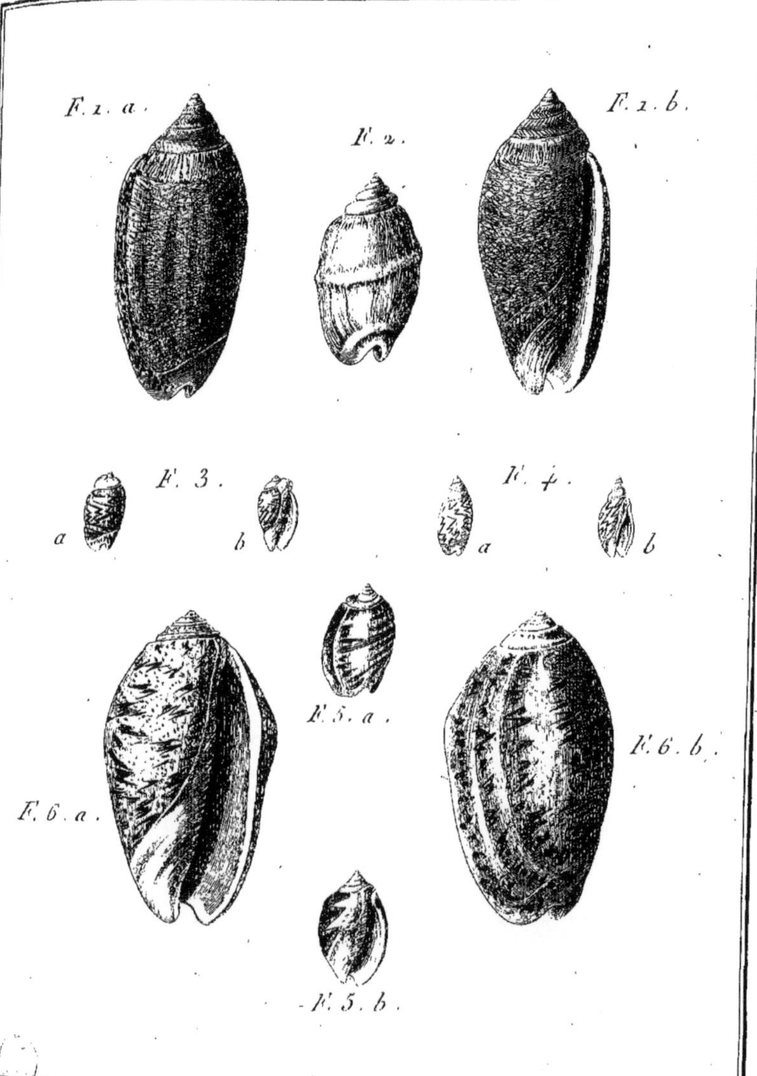

Marechal Del. Benard Direxit.

Histoire Naturelle; Coquilles Univalves.

Olive. *Oliva*. Pl. 364.

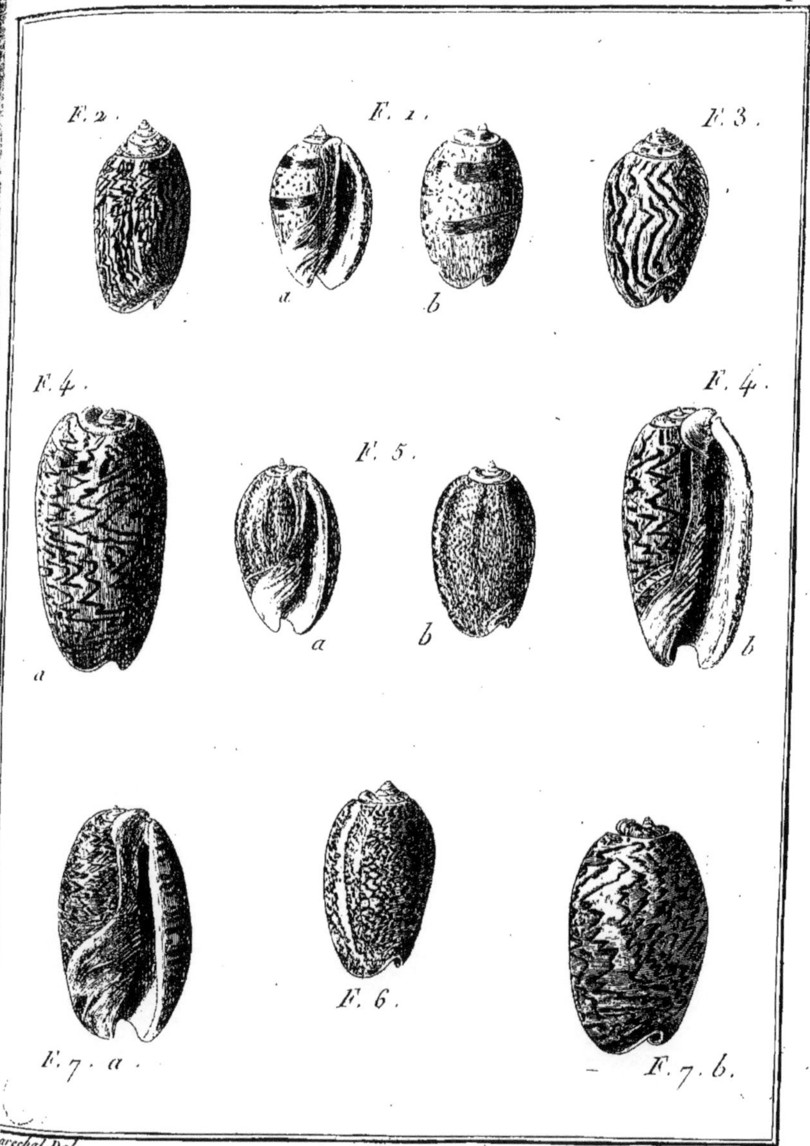

Marechal Del. Benard Direxit.

Olive. *Oliva*. Pl. 365.

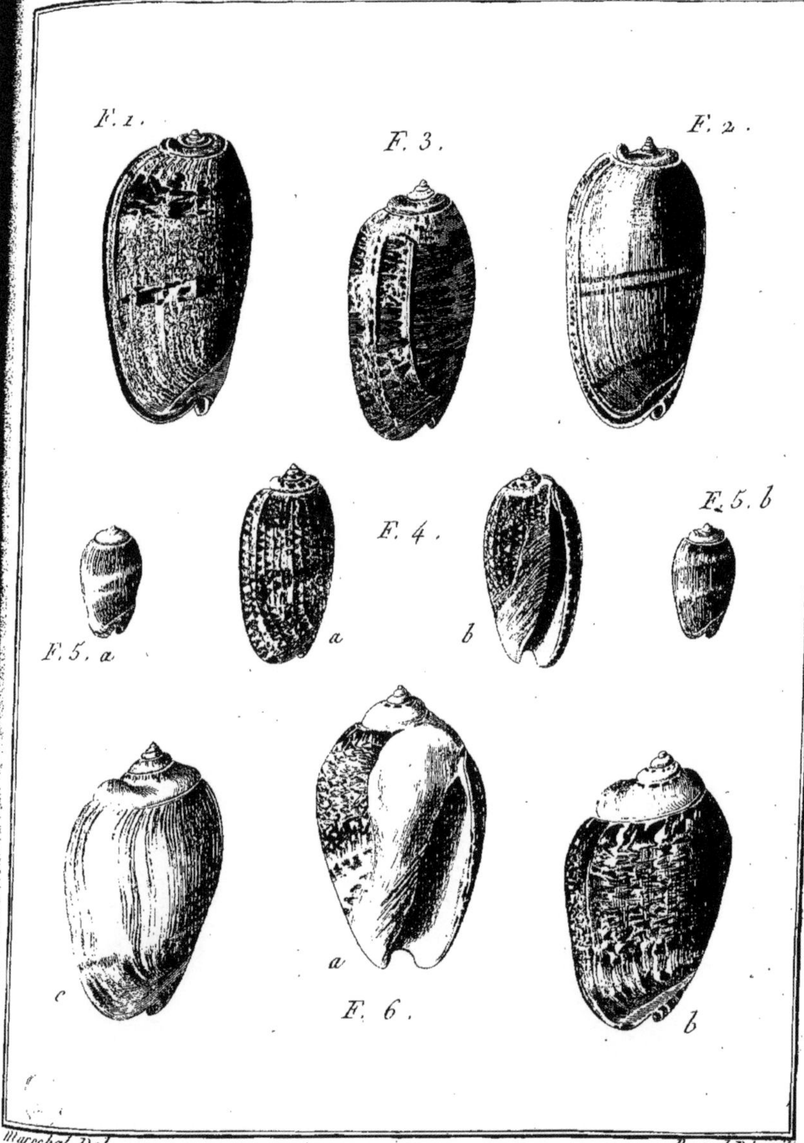

Marechal Del. Benard Direxit.

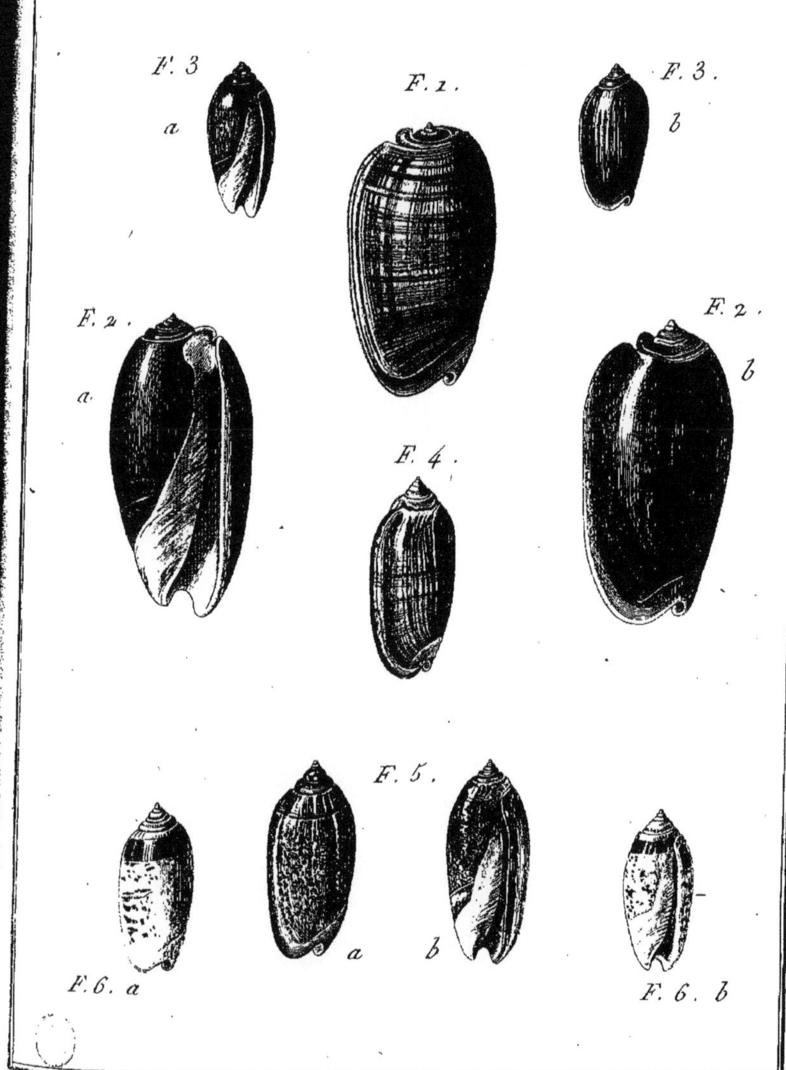

Marechal Del. Benard Direxit.

Histoire Naturelle ; Coquilles Univalves .

Olive. *Oliva.* Pl. 367.

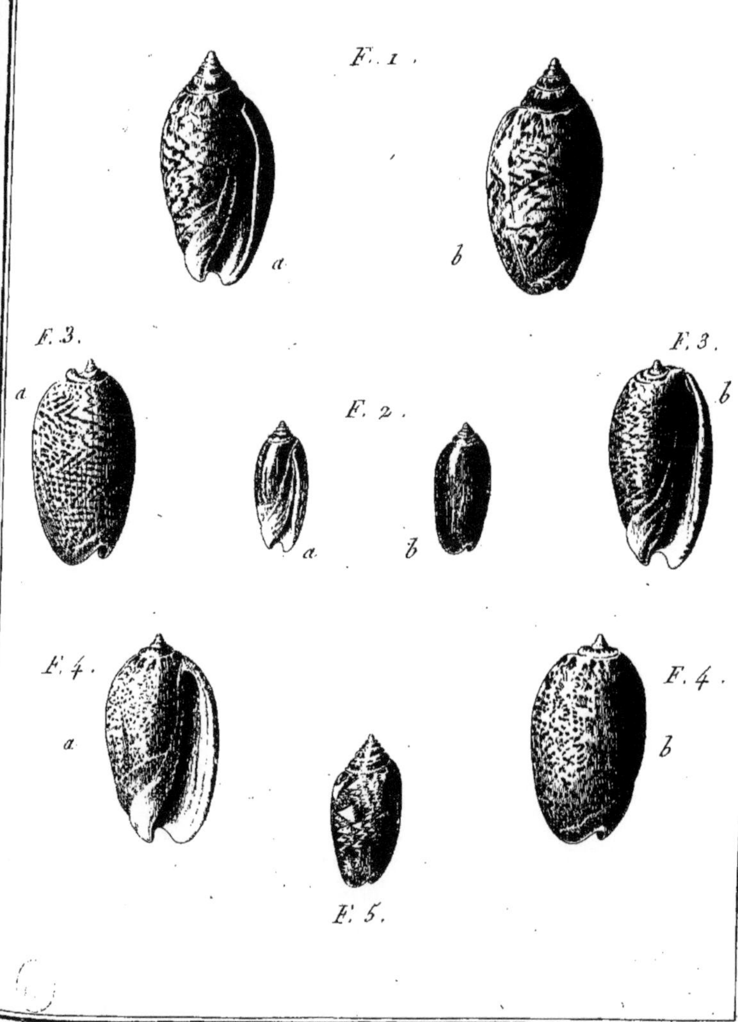

Marechal Del. Benard Direxit.

Histoire Naturelle; Coquilles Univalves.

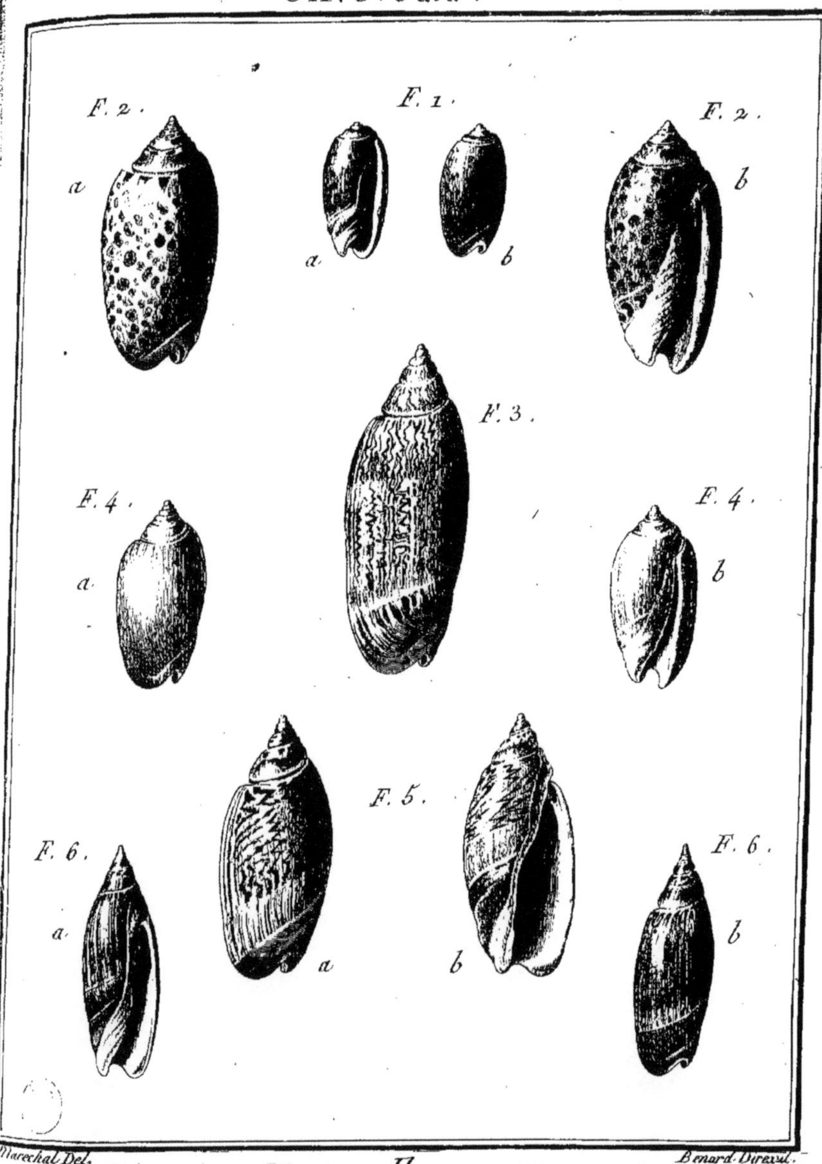

Marechal Del. Benard Direxit.

Histoire Naturelle, Coquilles Univalves.

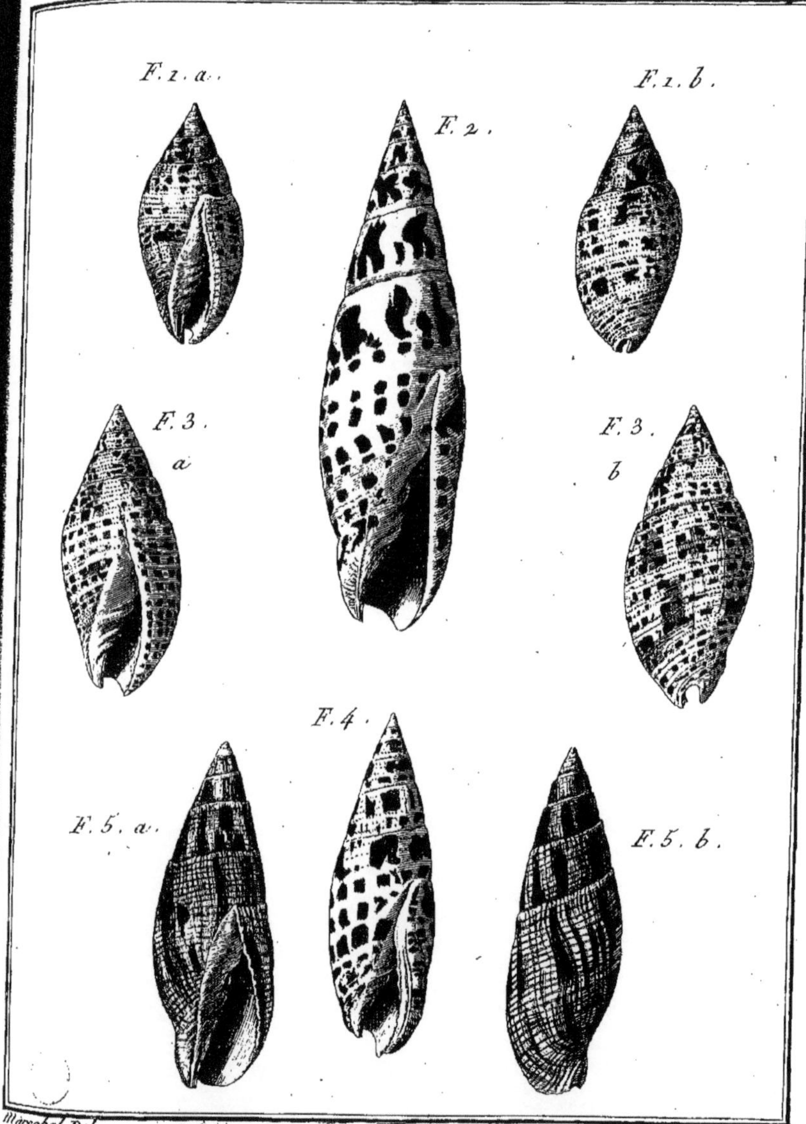

Marechal Del. Benard Direxit.

Histoire Naturelle; Coquilles Univalves.

Mitre. *Mitra*. Pl. 370.

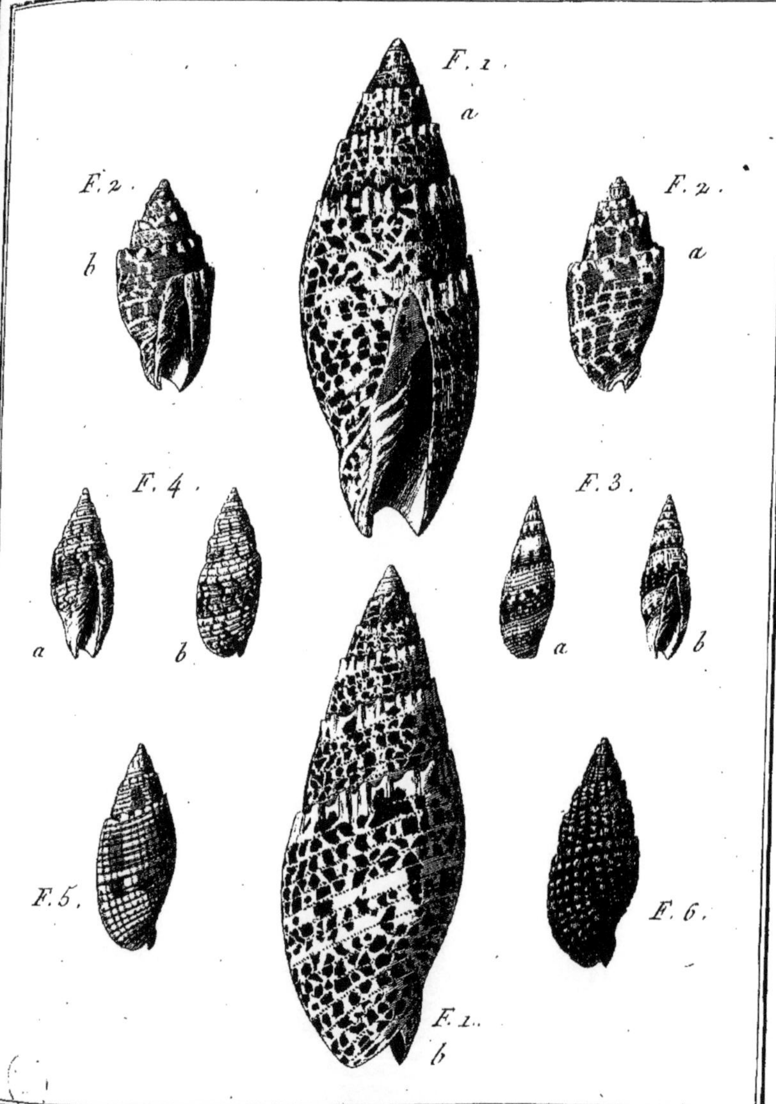

Marechal Del. Benard Direxit.

Histoire Naturelle; Coquilles Univalves.

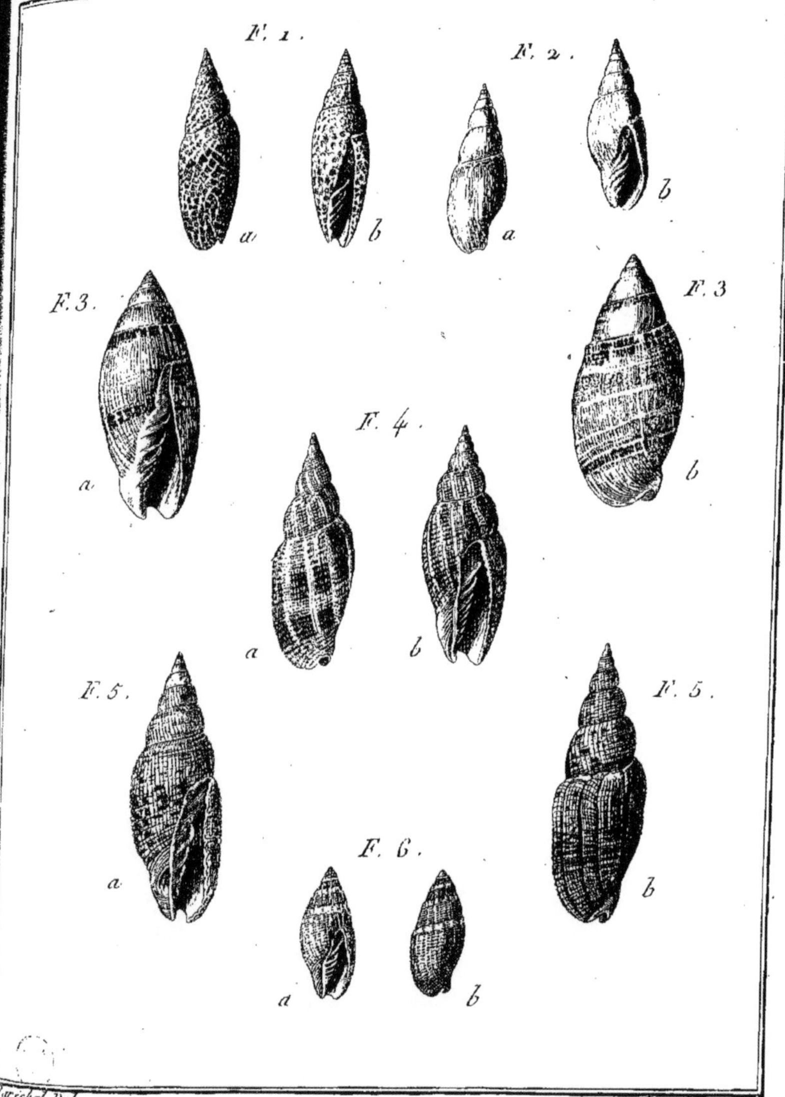

Marechal Del. Benard Direxit

Histoire Naturelle ; Coquilles Univalves.

Mitre. *Mitra.* Pl. 372.

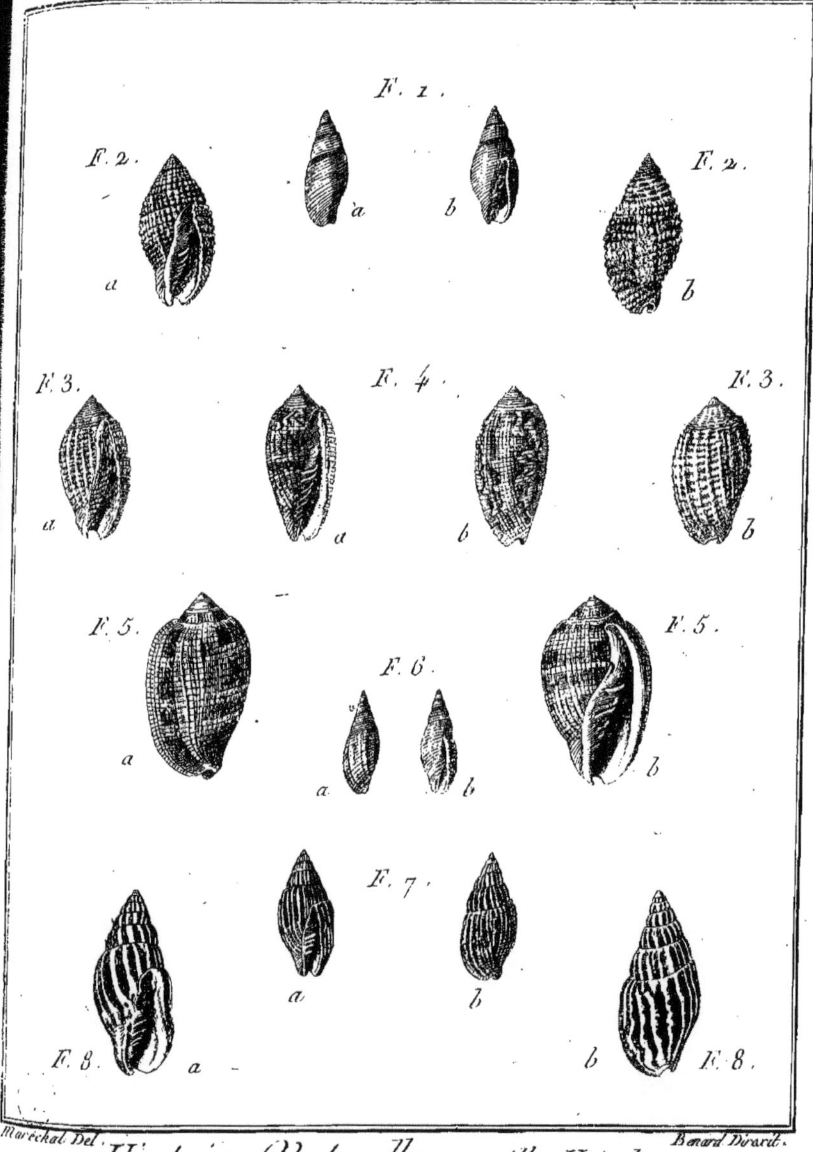

Maréchal Del. Benard Direxit.

Histoire Naturelle ; Coquilles Univalves.

Mitre. *Mitra*. Pl. 373.

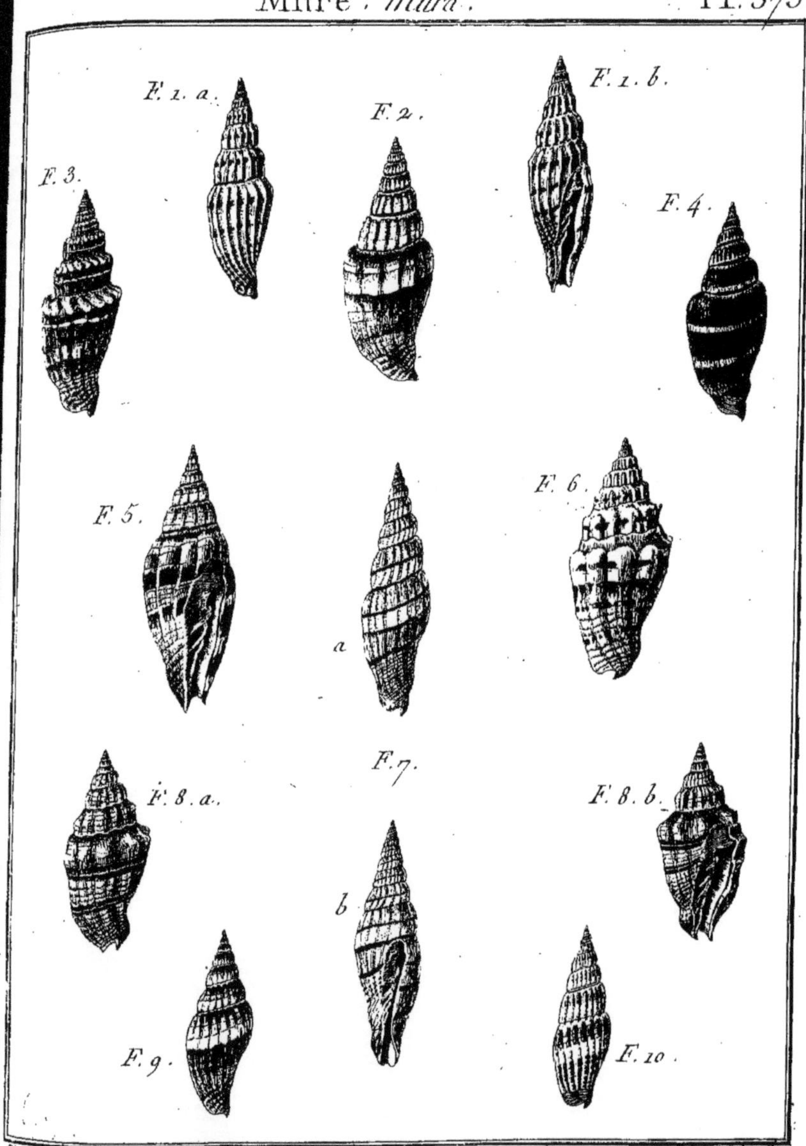

Marechal Del. Benard Direxit.

Histoire Naturelle; Coquilles Univalves.

Mitre. *Mitra.* Pl. 374.

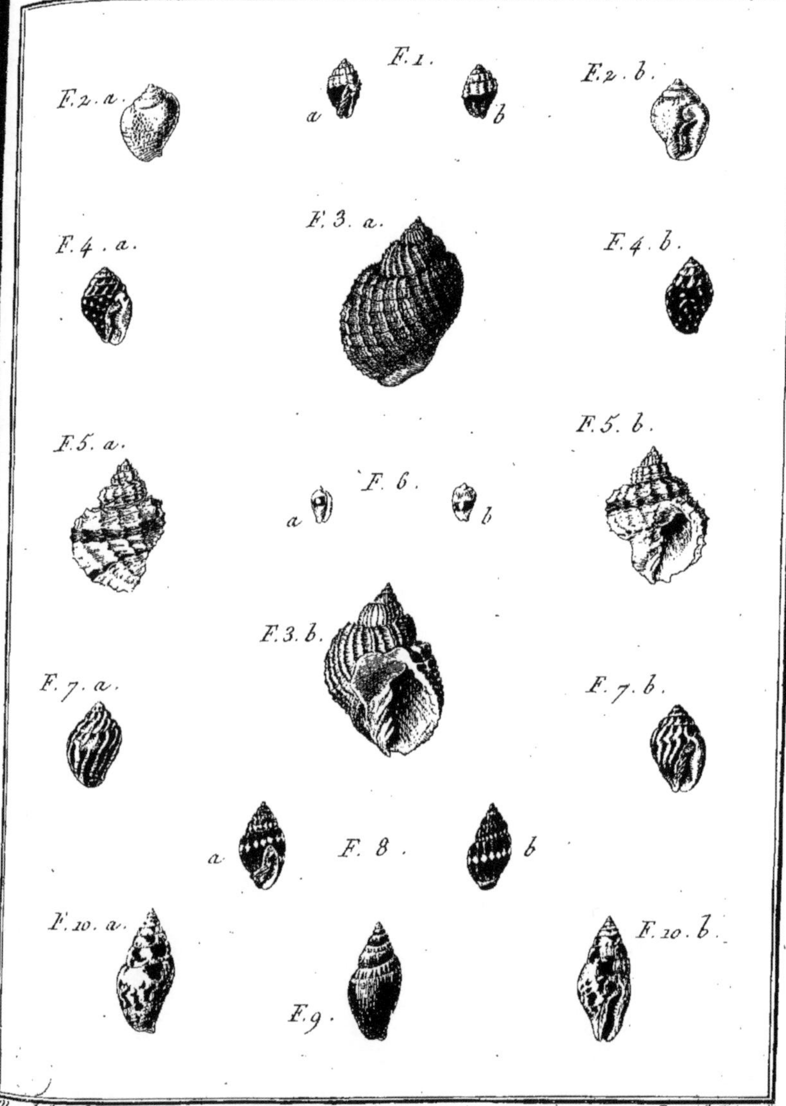

Marechal Del. Benard Direxit.

Histoire Naturelle, Coquilles Univalves.

Mitre. *Mitra.* Pl. 375.

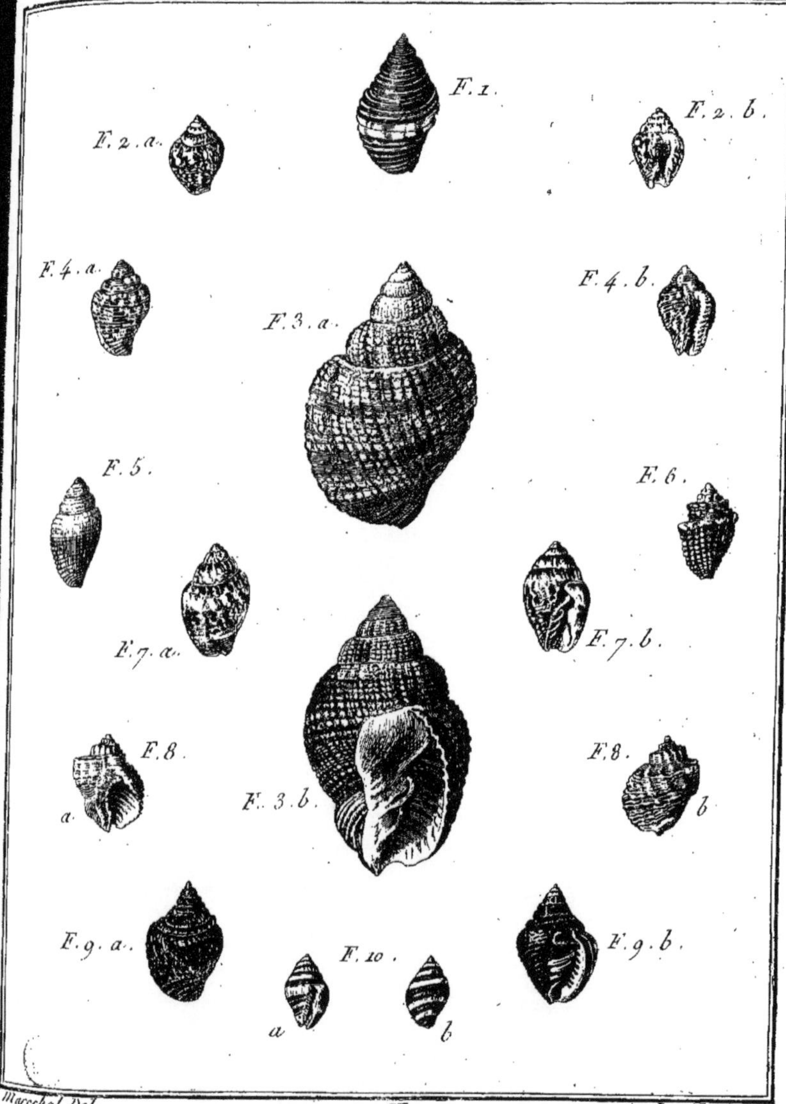

Marechal Del. *Benard Direxit.*

Histoire Naturelle, Coquilles Univalves.

Mitre. *Mitra*. Pl. 376.

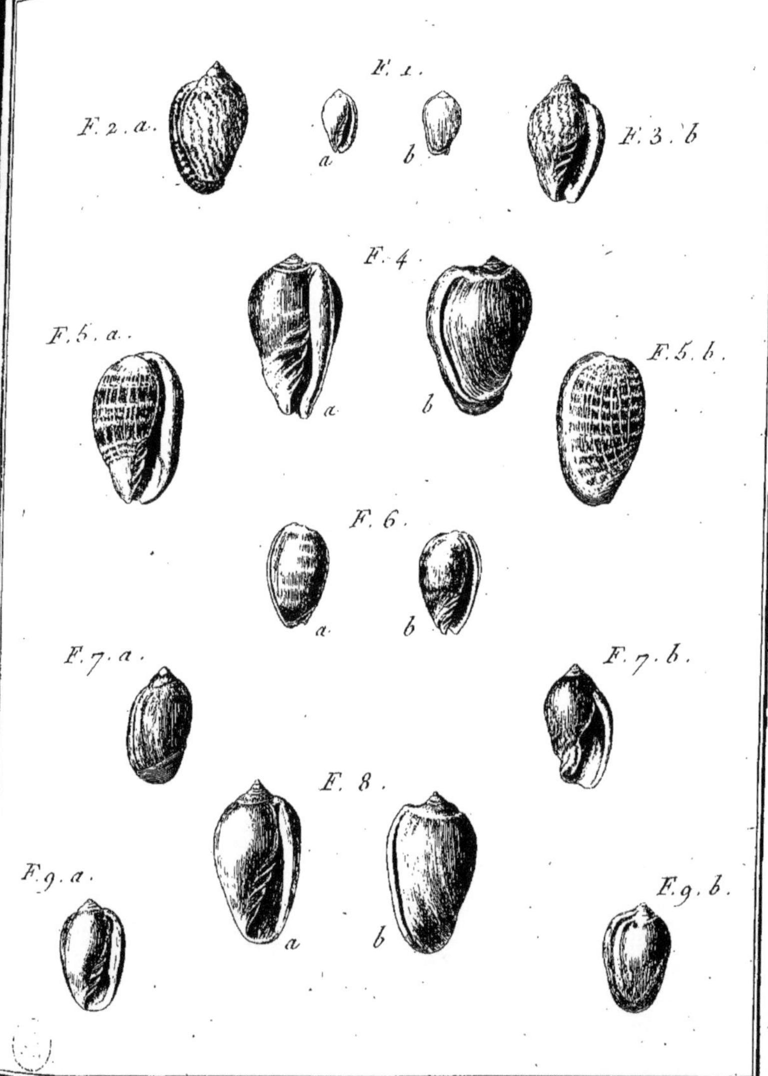

Marechal Del. Benard Direxit.

Histoire Naturelle, Coquilles Univalves.

Mitre . *Mitra*. Pl. 377.

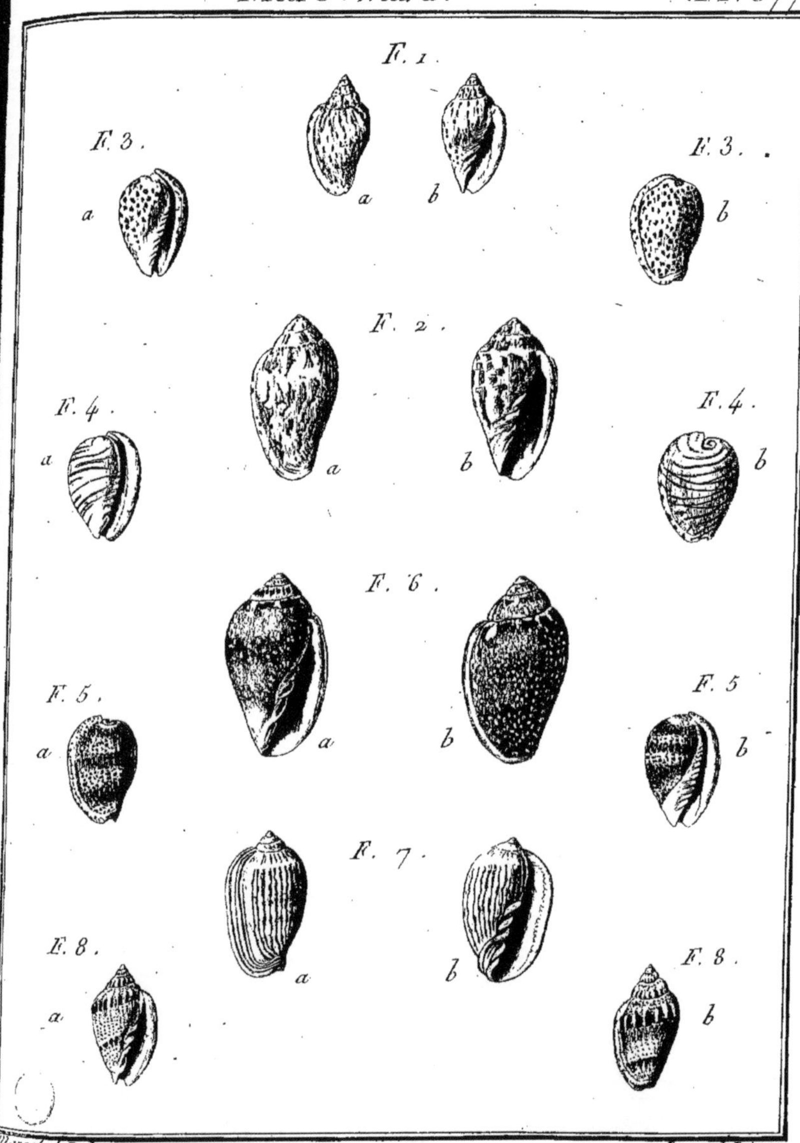

Maréchal Del. Benard Direx.

Histoire Naturelle ; Coquilles Univalves.

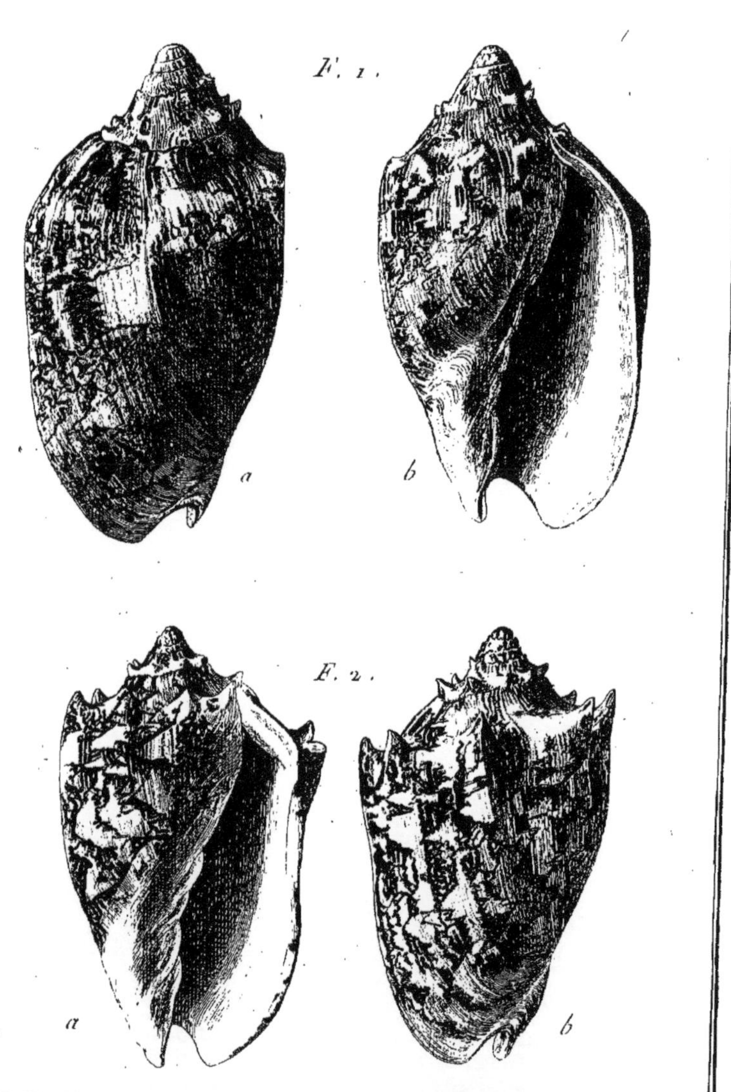

Marechal Del. Benard Direxit.

Histoire Naturelle ; Coquilles Univalves.

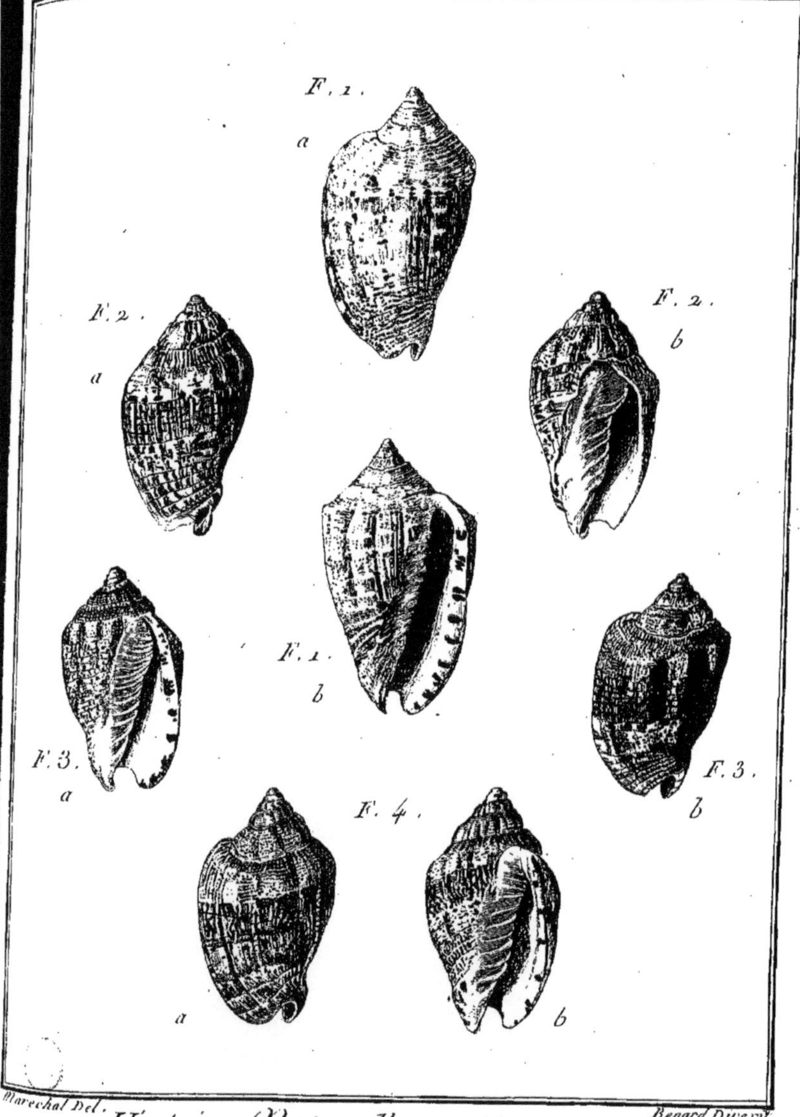

Marechal Del. Benard Direxit.

Histoire Naturelle; Coquilles Univalves.

Volute. *Voluta*. Pl. 380.

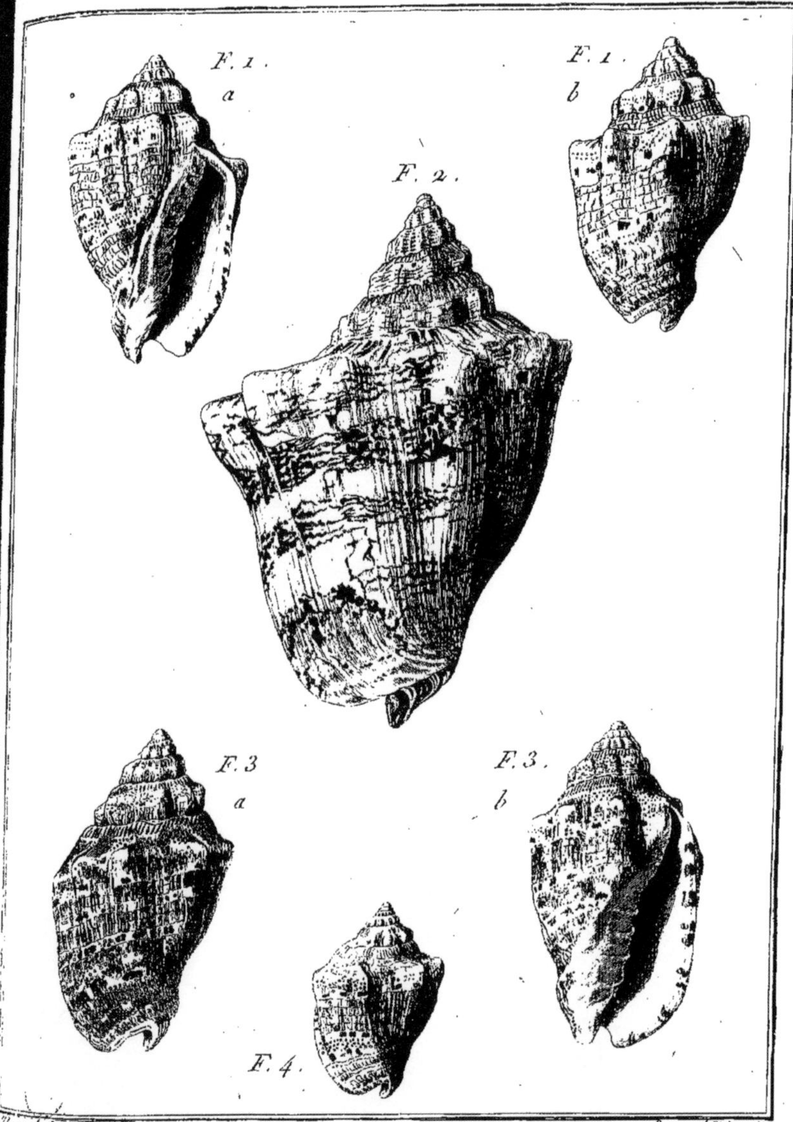

Marechal Del. Benard Direxit.

Histoire Naturelle ; Coquilles Univalves.

Volute. *Voluta.* Pl. 381.

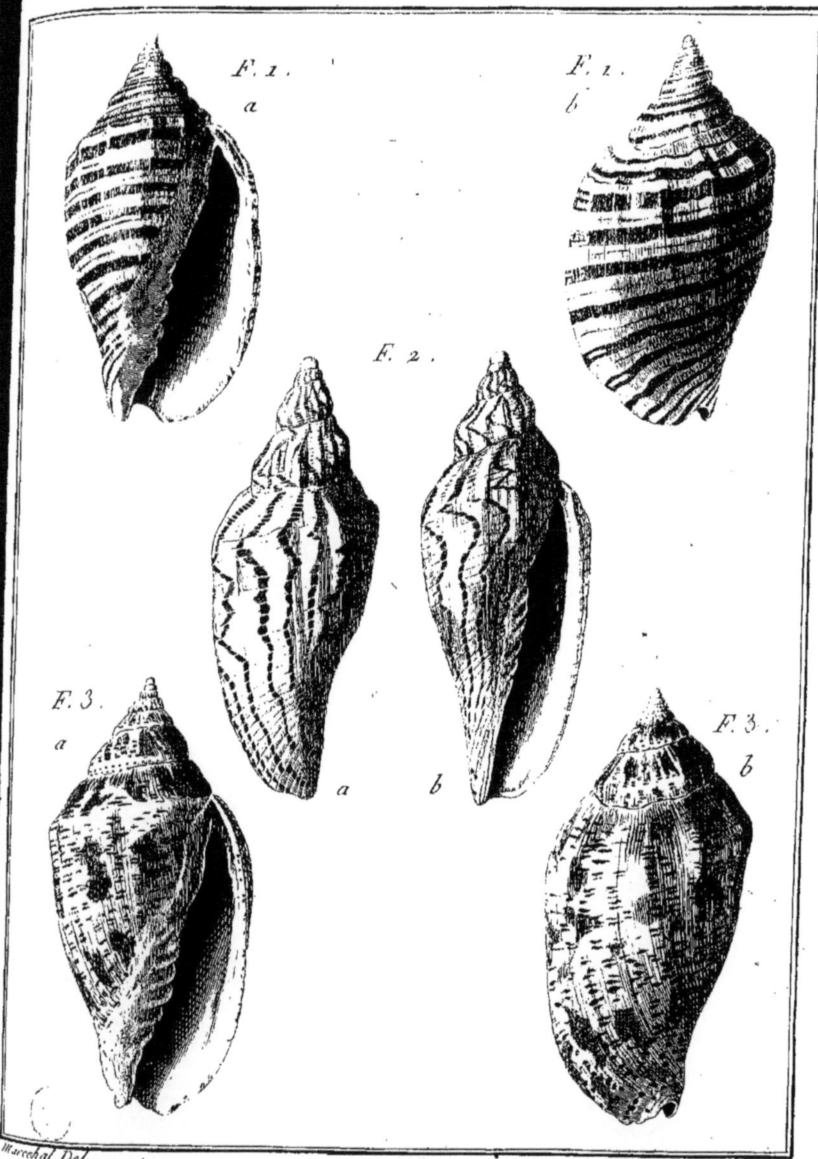

Marechal Del. Benard Direxit

Histoire Naturelle, Coquilles Univalves.

Volute. *Voluta*. Pl. 382.

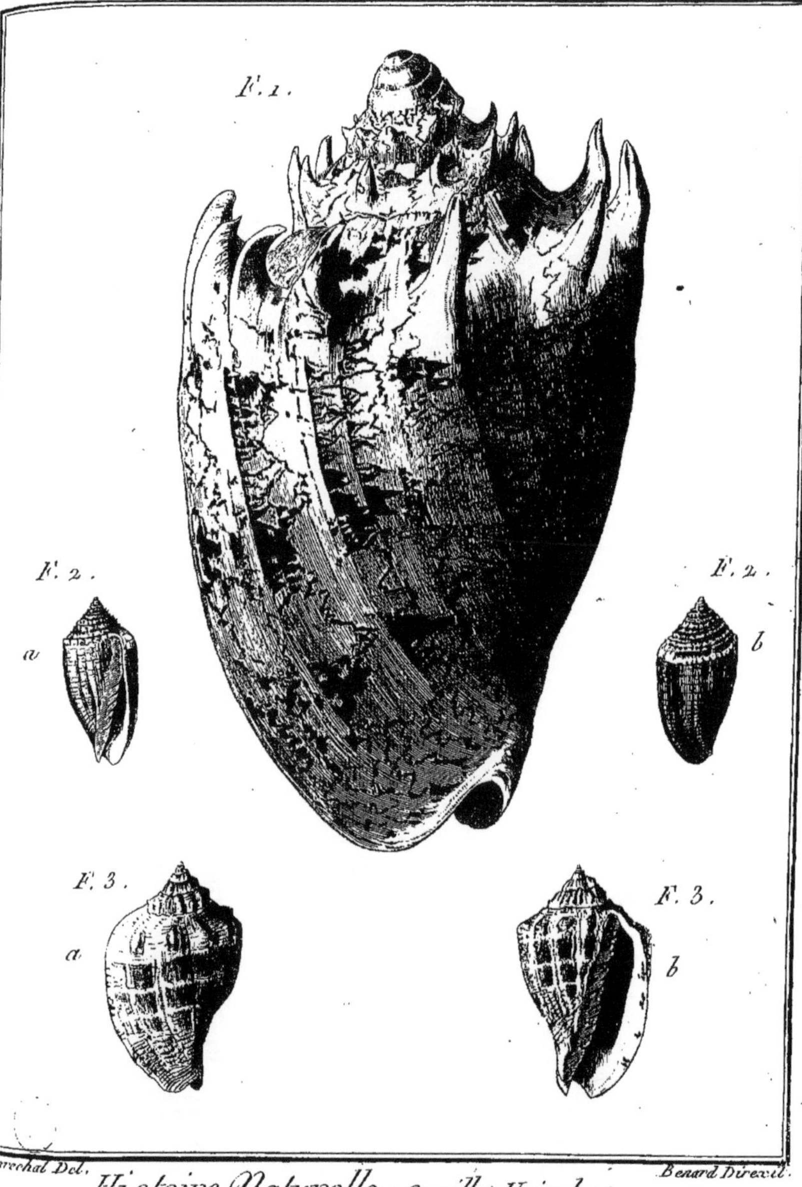

archal Del. *Benard Direxit.*

Histoire Naturelle; Coquilles Univalves.

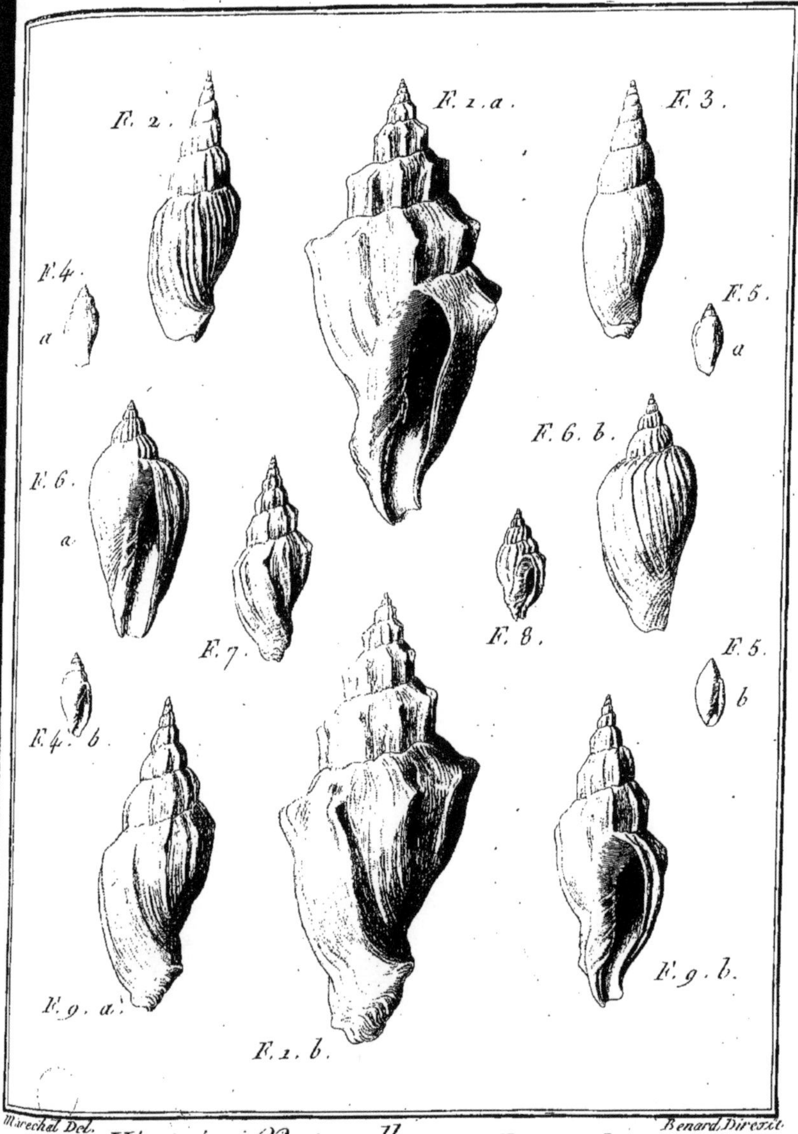

Marechal Del. Benard Direxit.

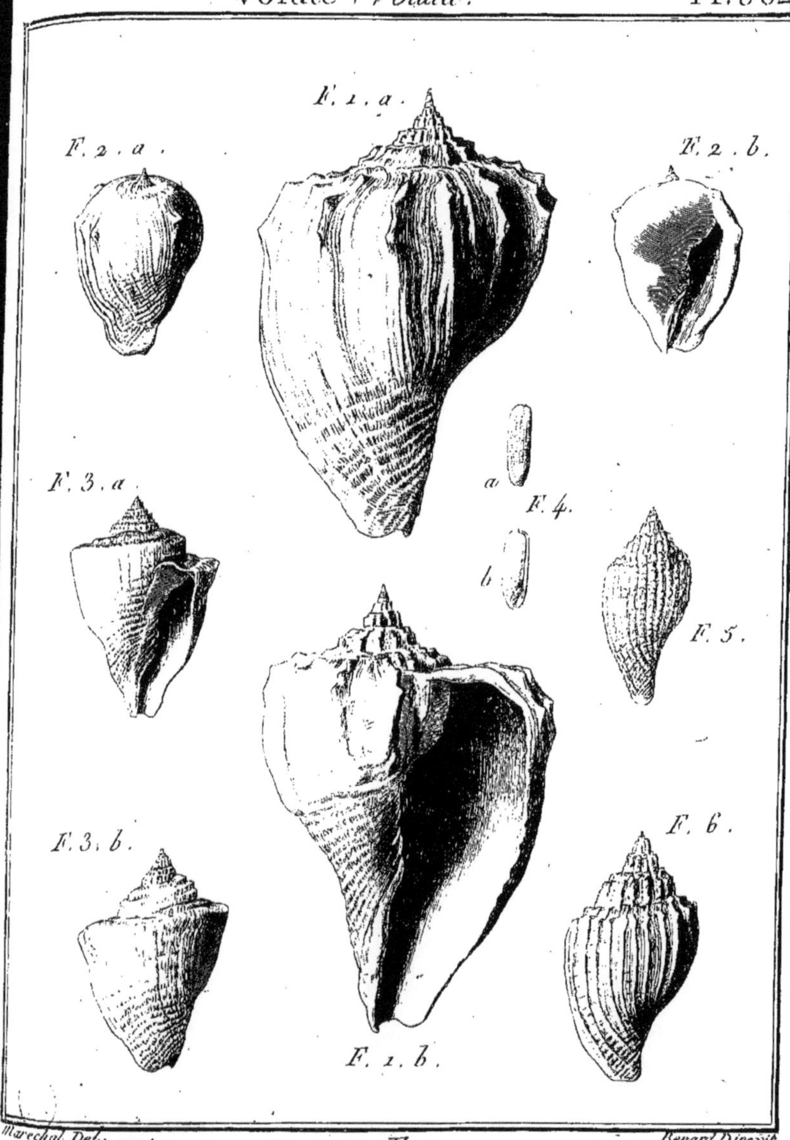

Marechal Del. Benard Direxit.

Histoire Naturelle, Coquilles Univalves.

Volute. *Voluta.* Pl. 385.

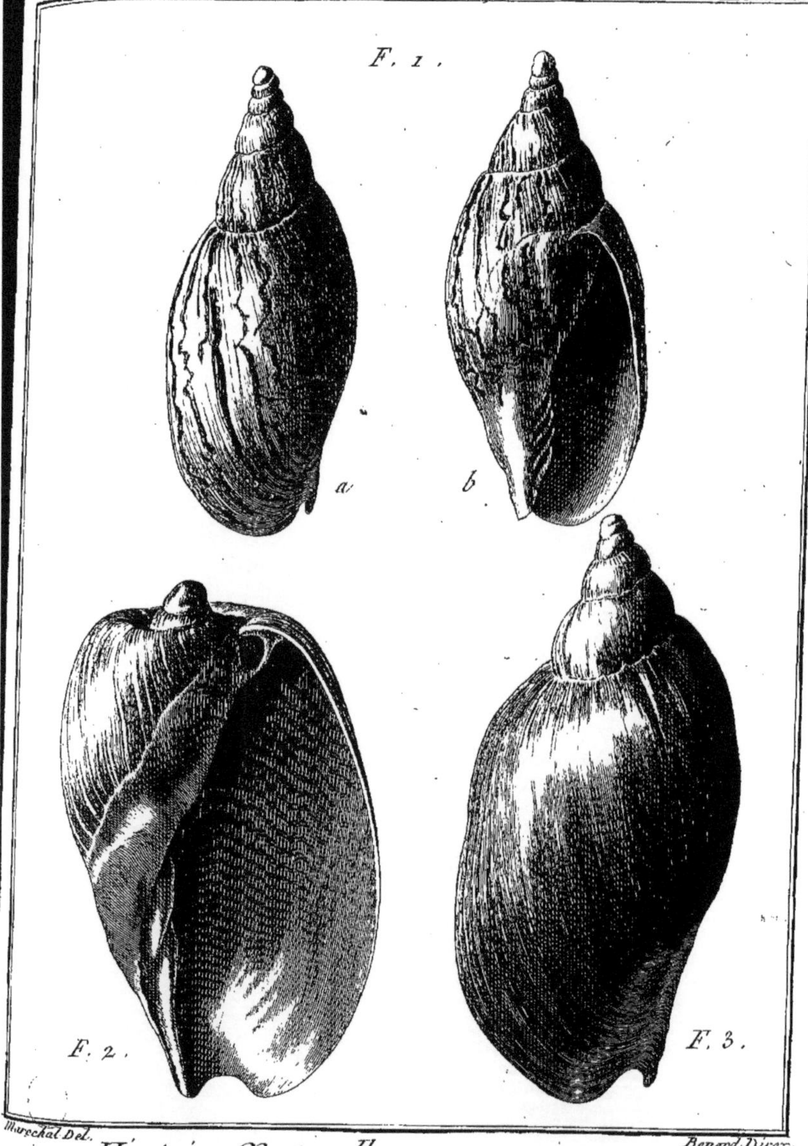

Marechal Del. Benard Direx.

Histoire Naturelle, Coquilles Univalves.

Volute. *Voluta.* Pl. 386.

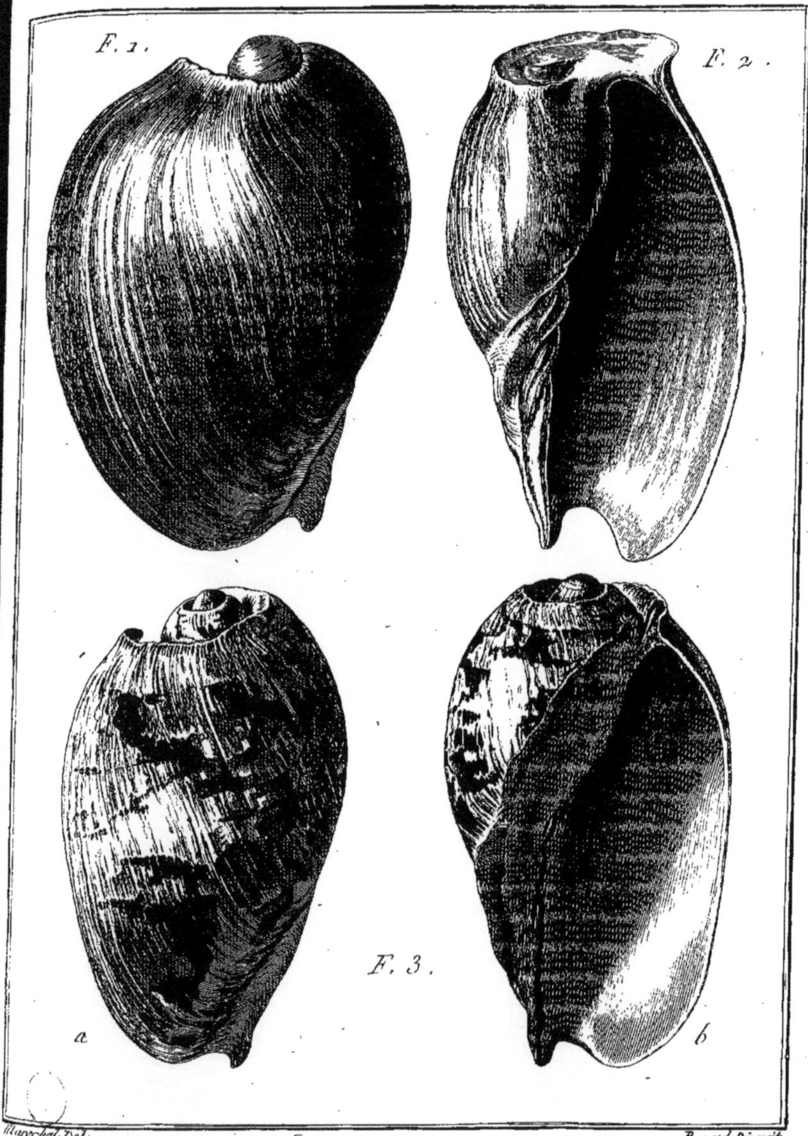

Maréchal Del. Benard Direxit.

Histoire Naturelle; Coquilles Univalves.

Volute . *Voluta* . PL. 387.

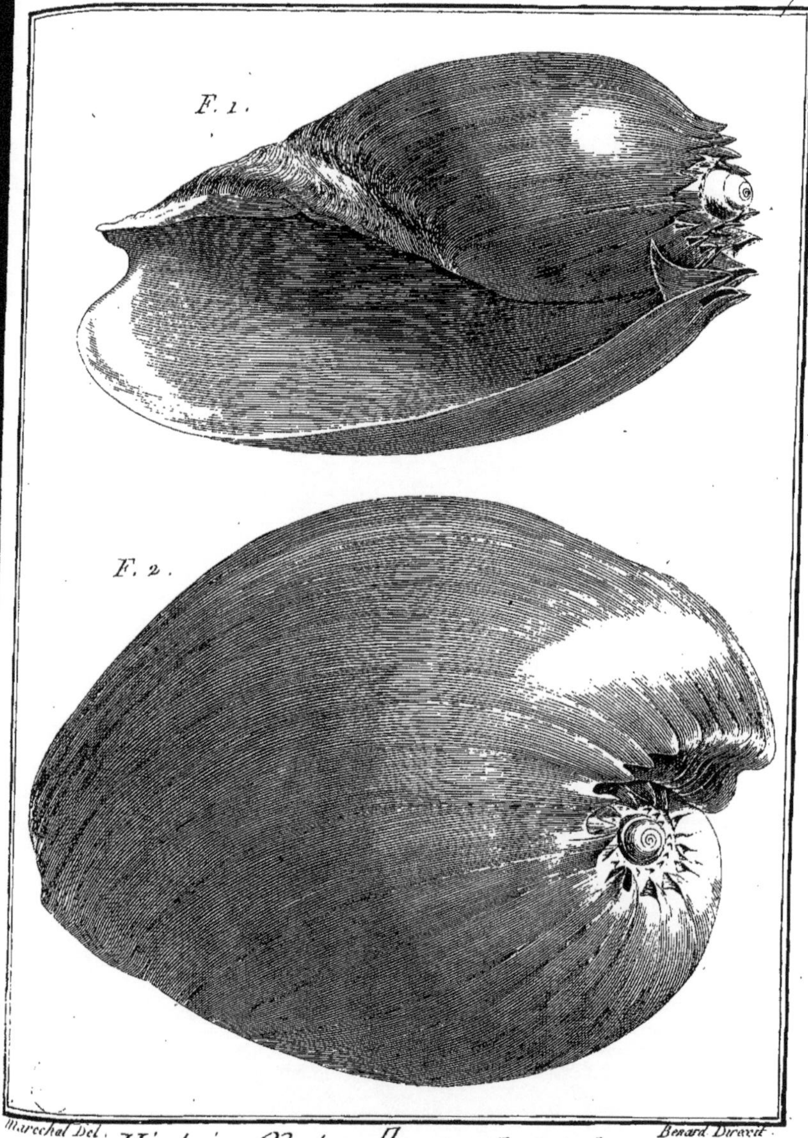

Marechal Del. Benard Direxit.

Histoire Naturelle ; Coquilles Univalves.

Volute. *Voluta*. Pl. 388.

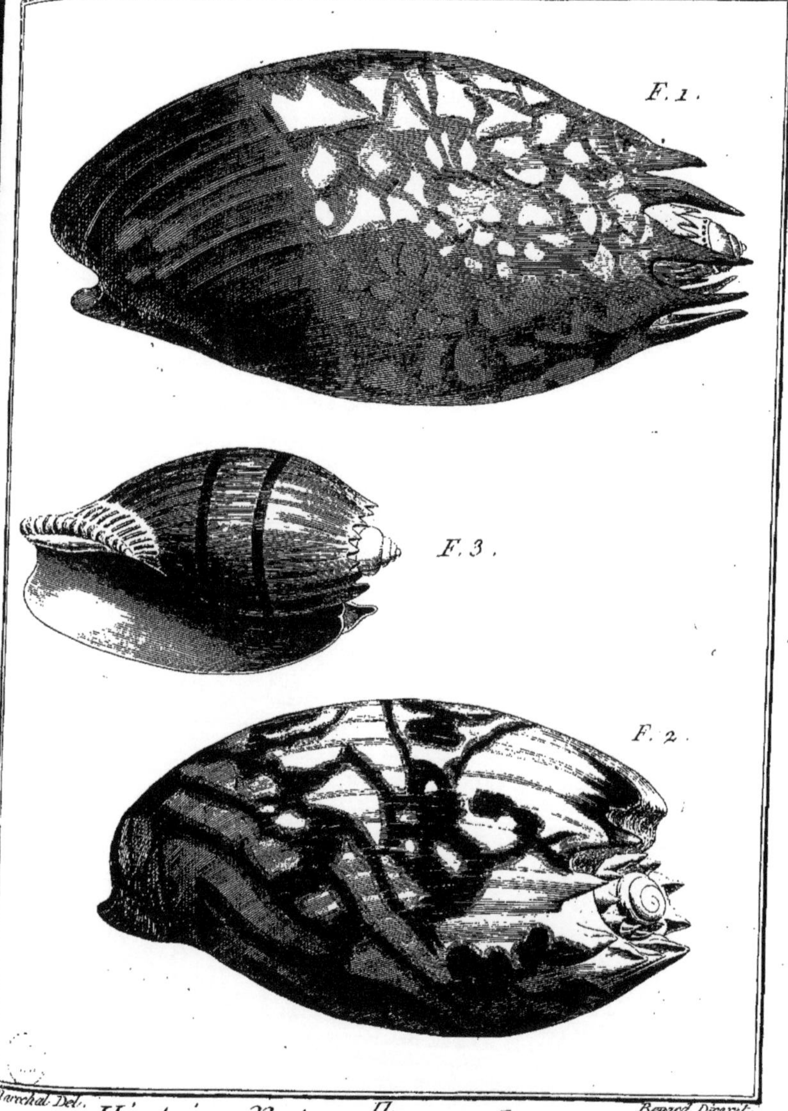

Marechal Del. Benard Direxit.

Histoire Naturelle ; Coquilles Univalves.

Volute. *Voluta.* Pl. 389.

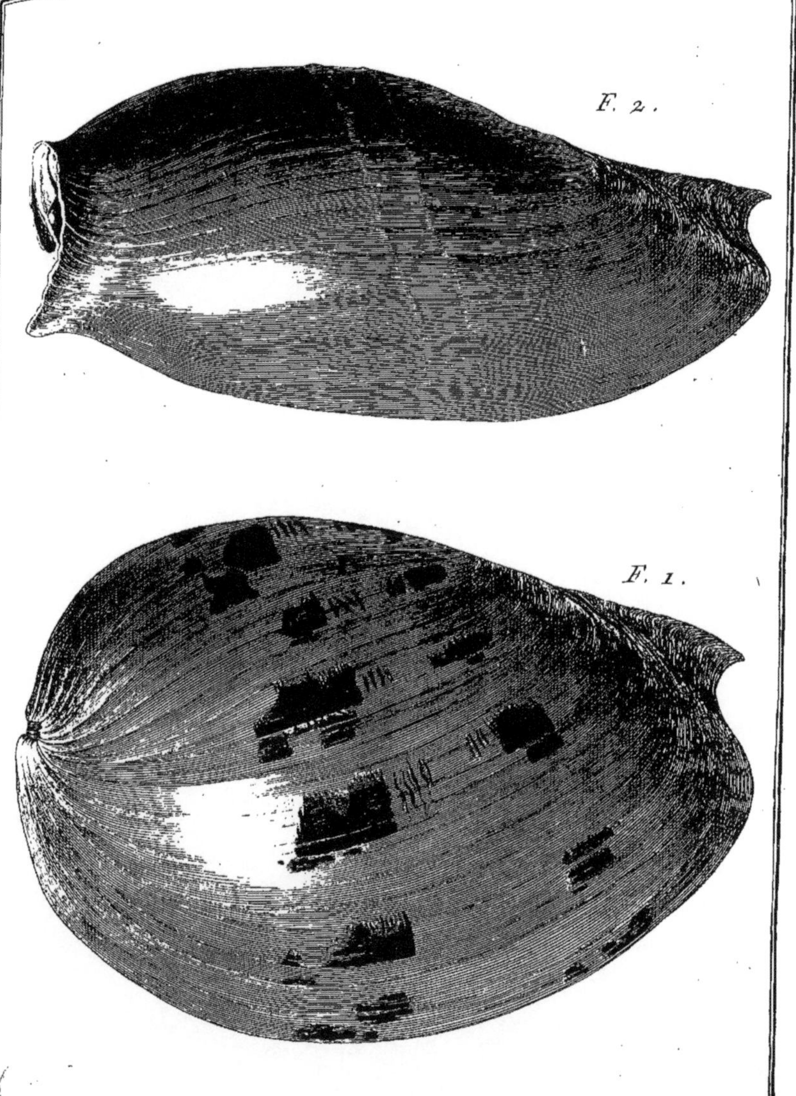

Marechal Del. Benard Direx.

Histoire Naturelle, Coquilles Univalves.

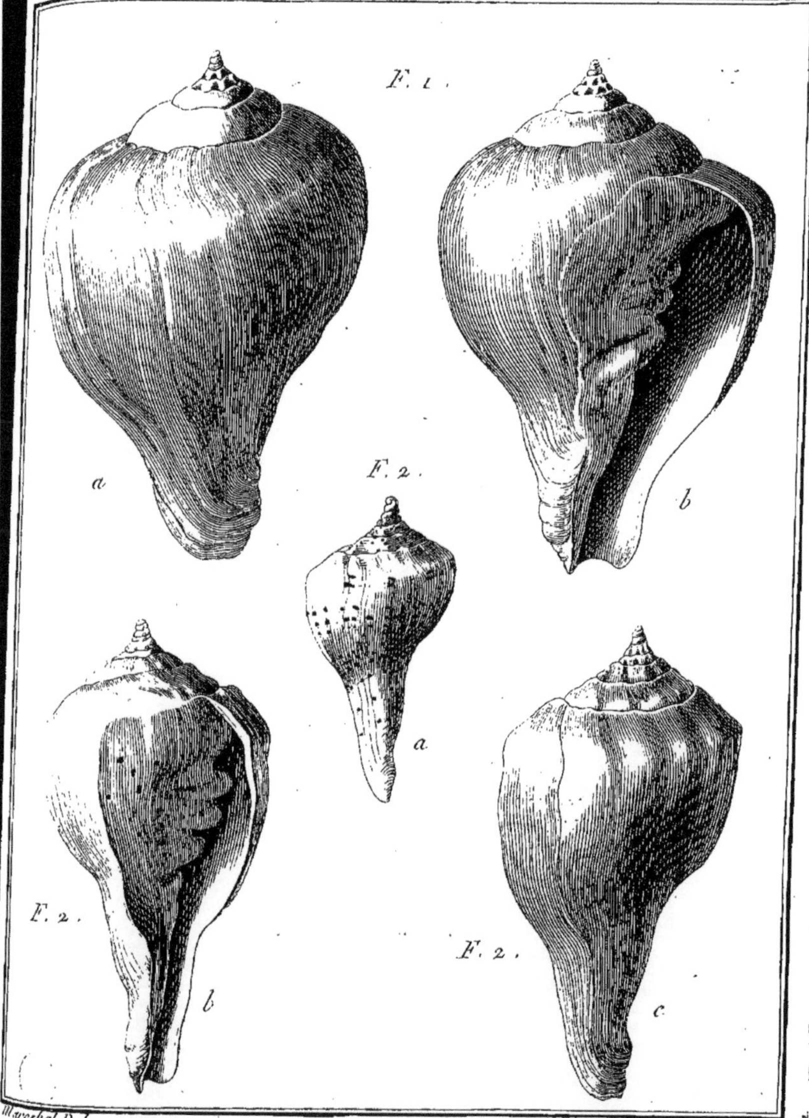

Marechal Del. Benard Direxit.

Histoire Naturelle; Coquilles Univalves.

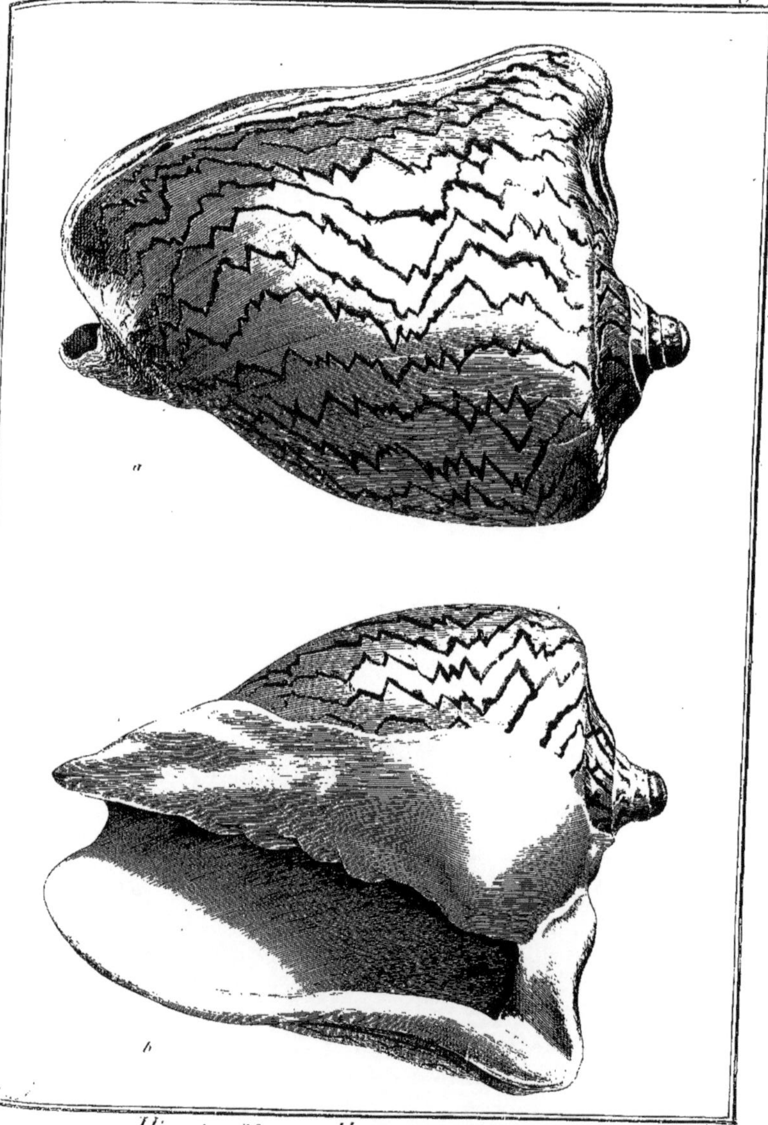

Histoire Naturelle, Coquilles univalves

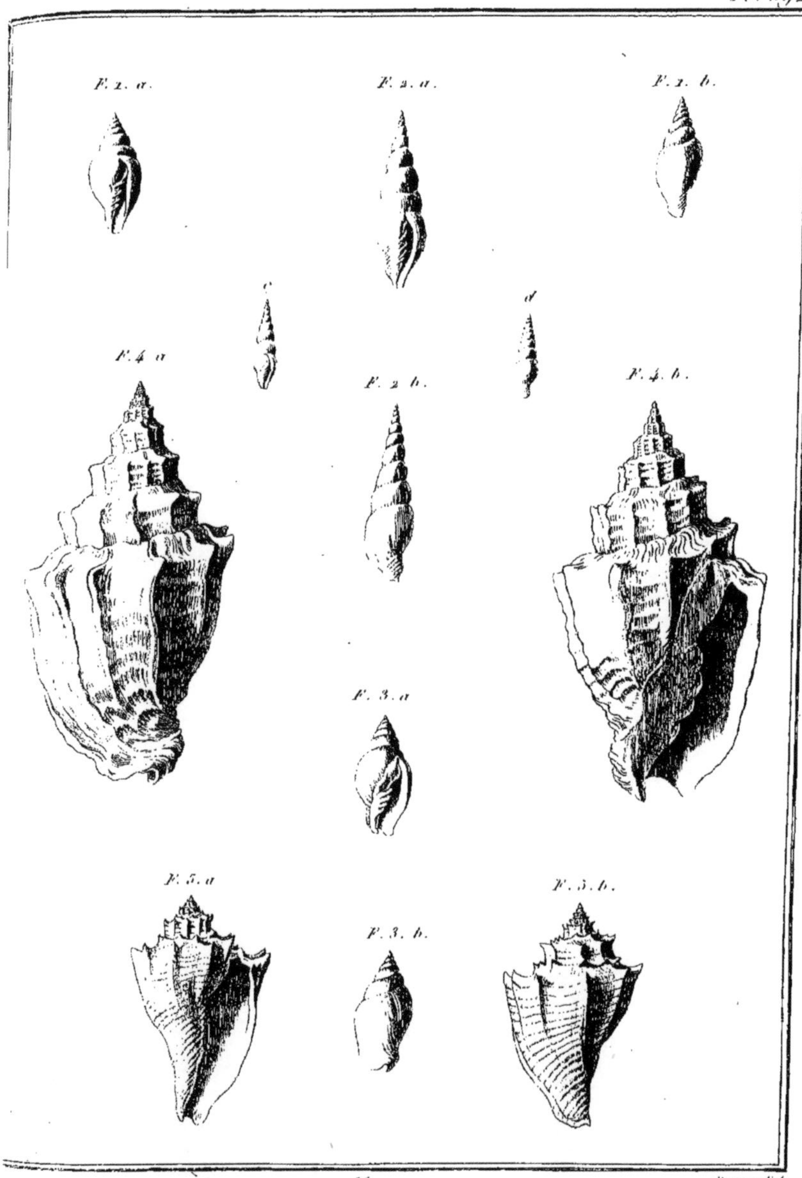

Desève del.

Histoire Naturelle ; Coquilles univalves fossiles

Ancillaire. *Ancillaria* Pl. 393

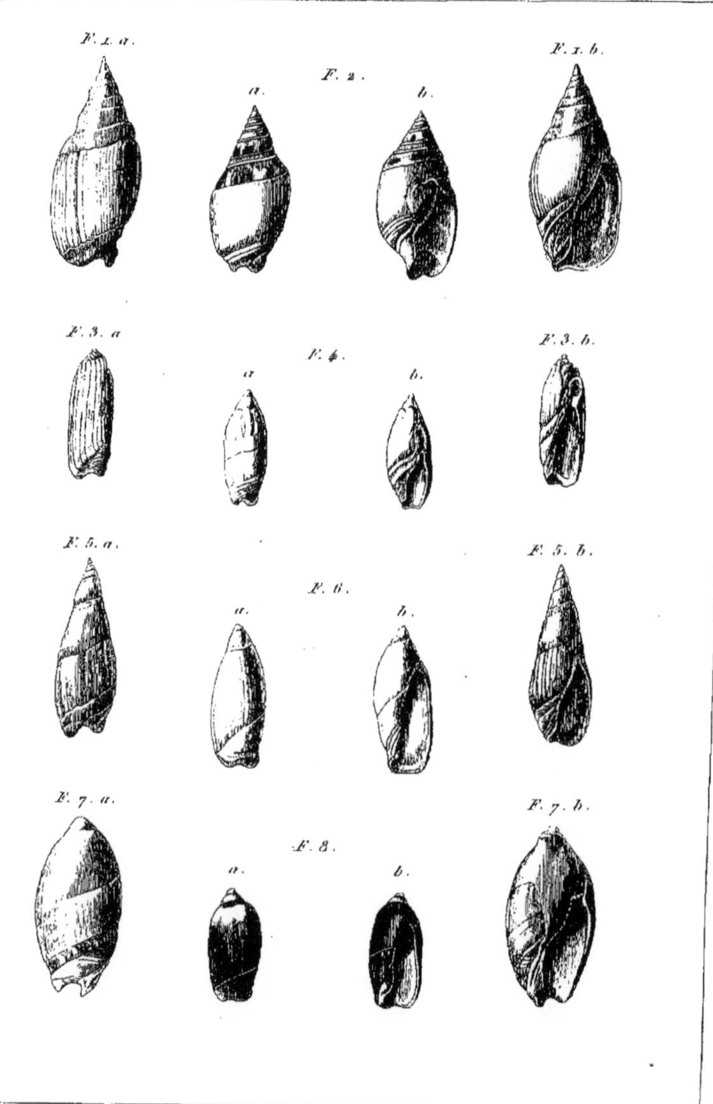

Histoire Naturelle; Coquilles univalves.

Duvaux dir.

Nasse, *Nassa*. Pl. 394.

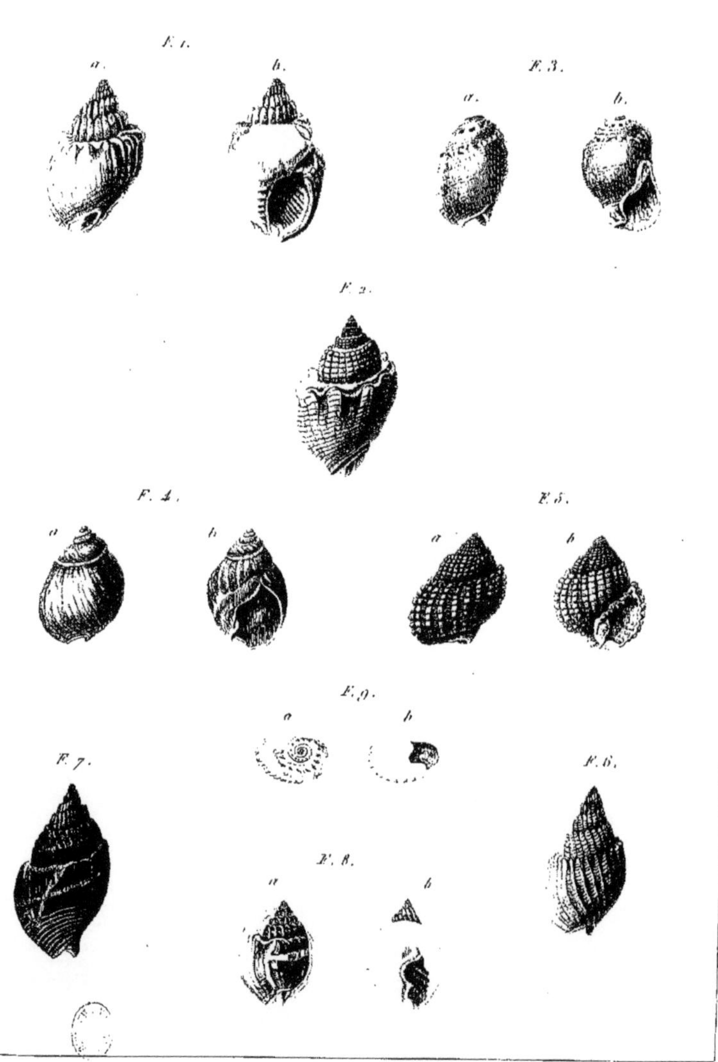

Desève del.

Histoire Naturelle, (Coquilles univalves).

3.

Ricinule. *Ricinula.* Pl. 395.

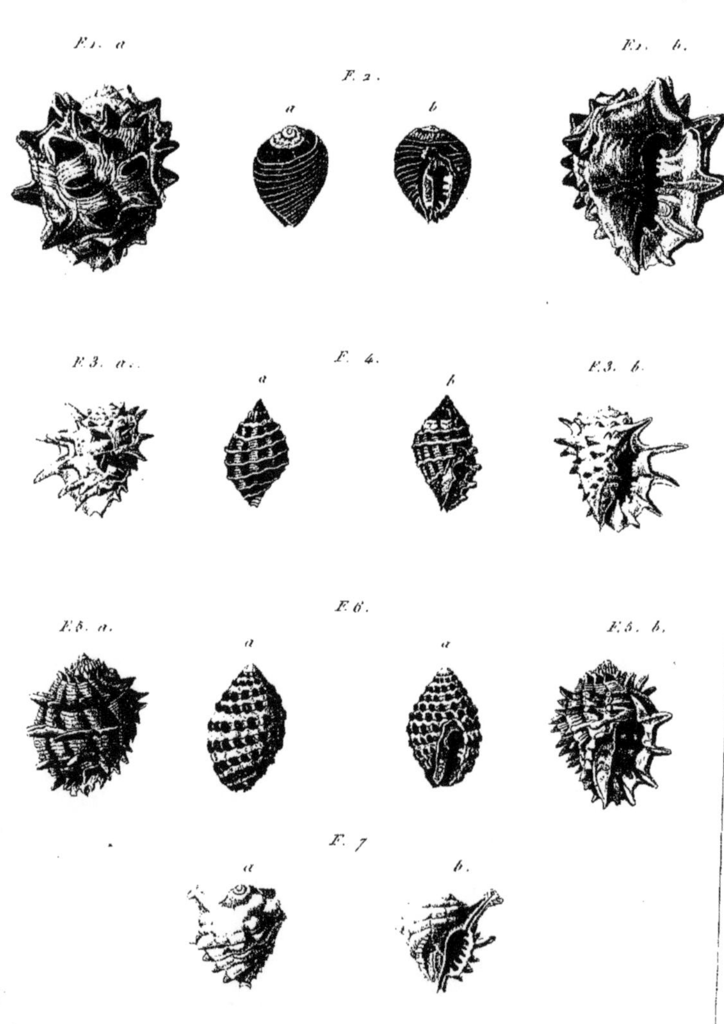

Desève dir.

Histoire Naturelle; Coquilles univalves.

Licorne . *Monoceros.* Pl. 396

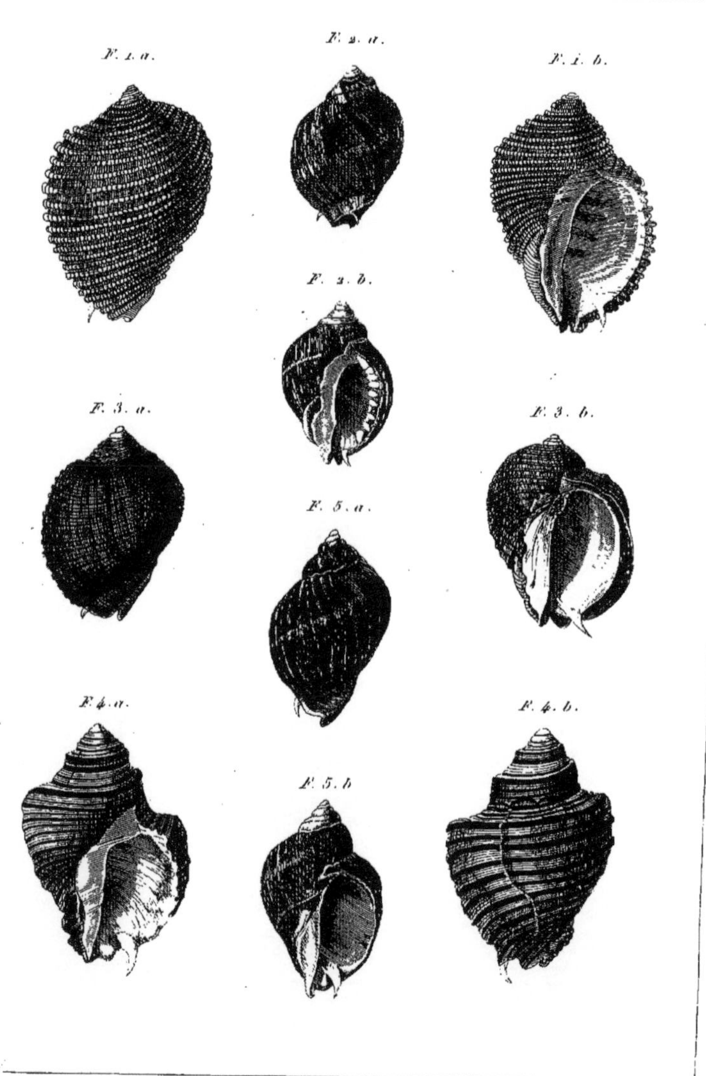

Histoire Naturelle, Coquilles univalves

2.

Pourpre . *Purpura* . *Pl. 397.*

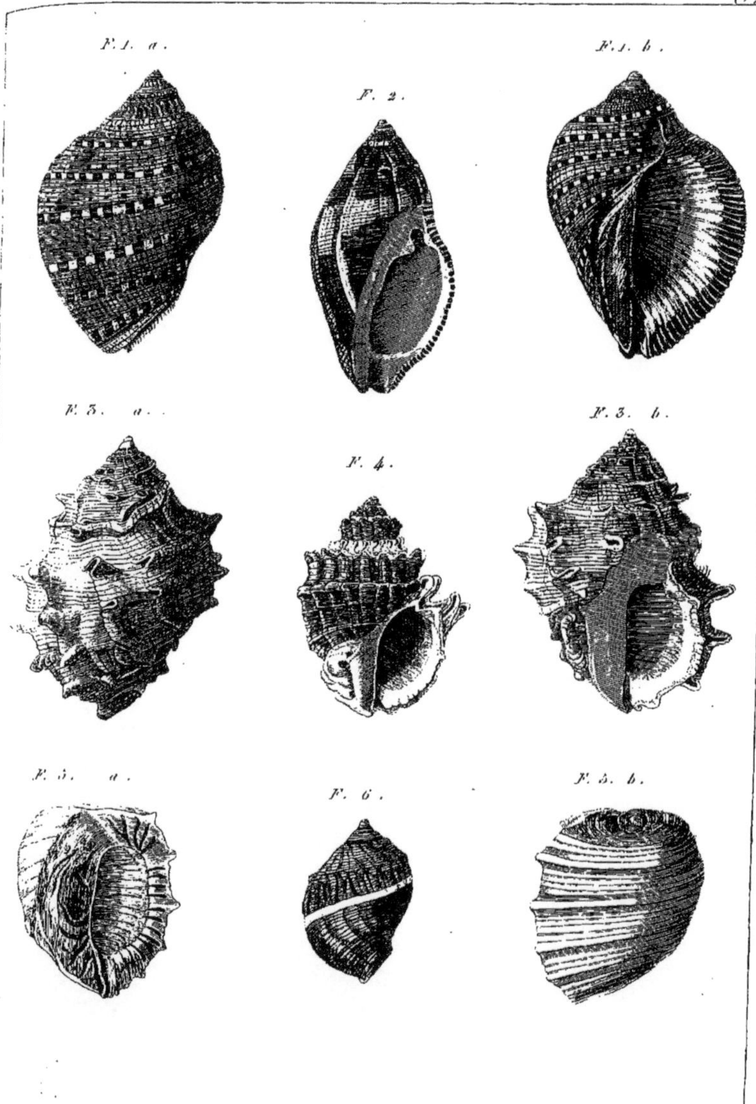

Histoire Naturelle; Coquilles Univalves.

Pourpre . *Purpura* . *Pl. 398.*

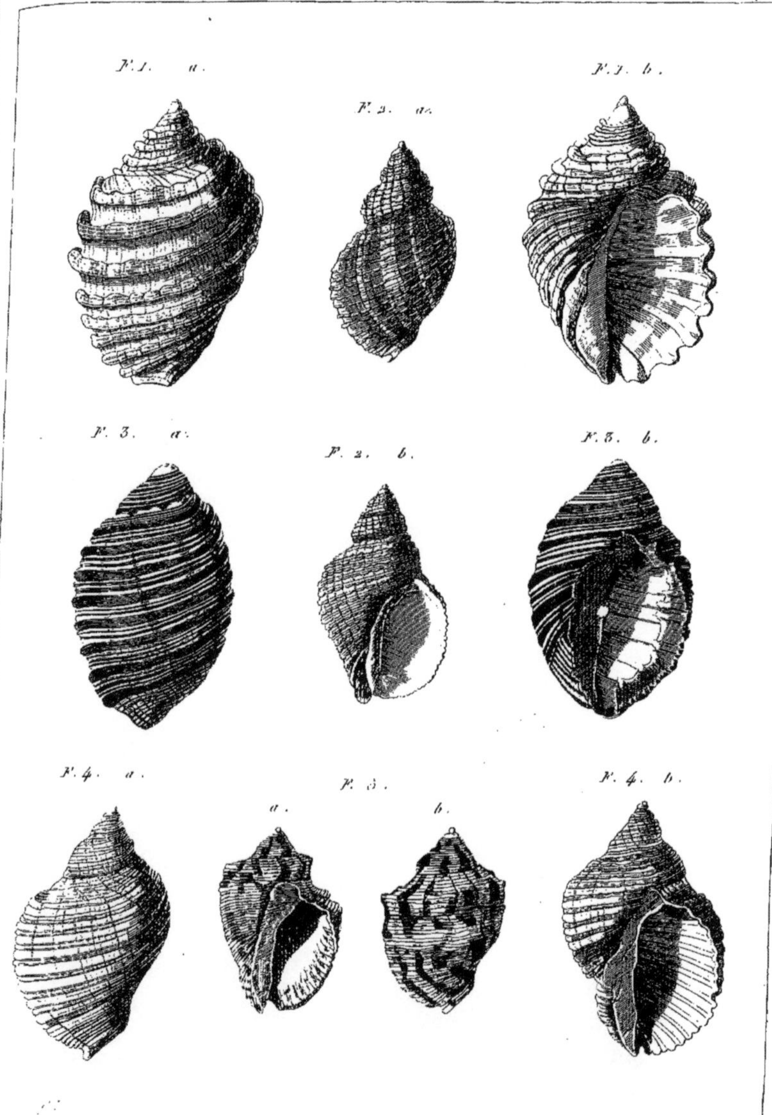

Histoire Naturelle; *Coquilles Univalves*. 4.

Buccin . *Buccinum.* Pl. 399.

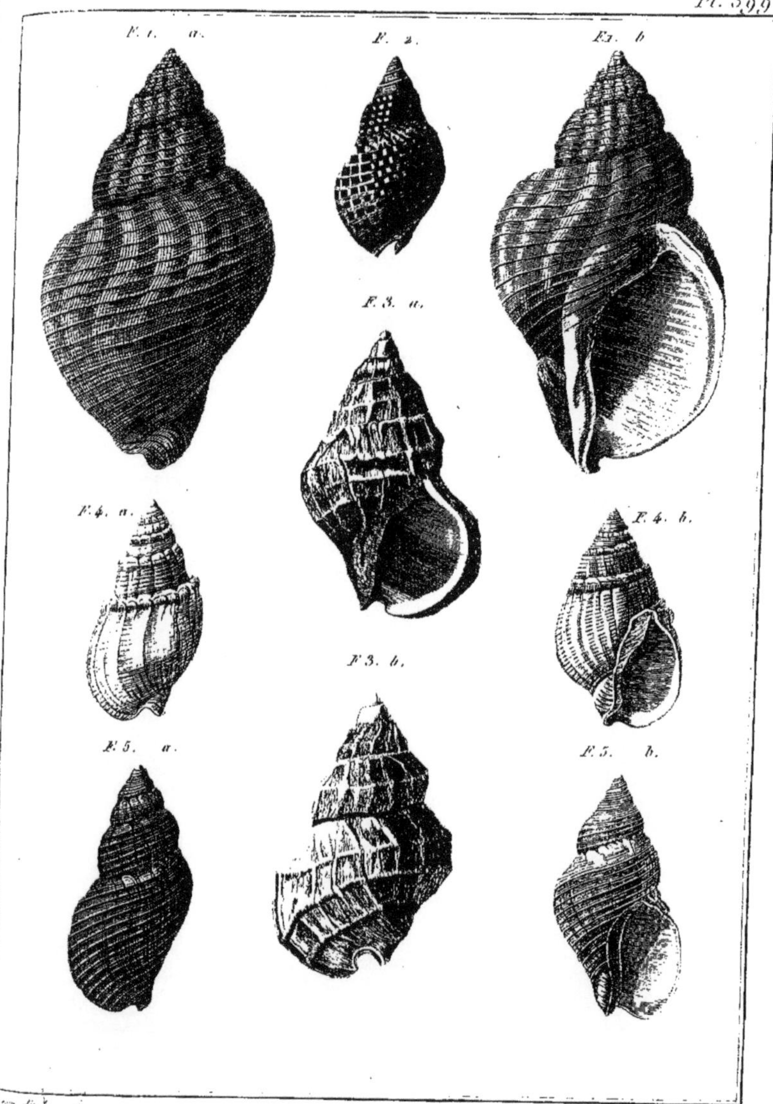

Histoire Naturelle; Coquilles univalves.

Buccin. *Buccinum* Pl. 400.

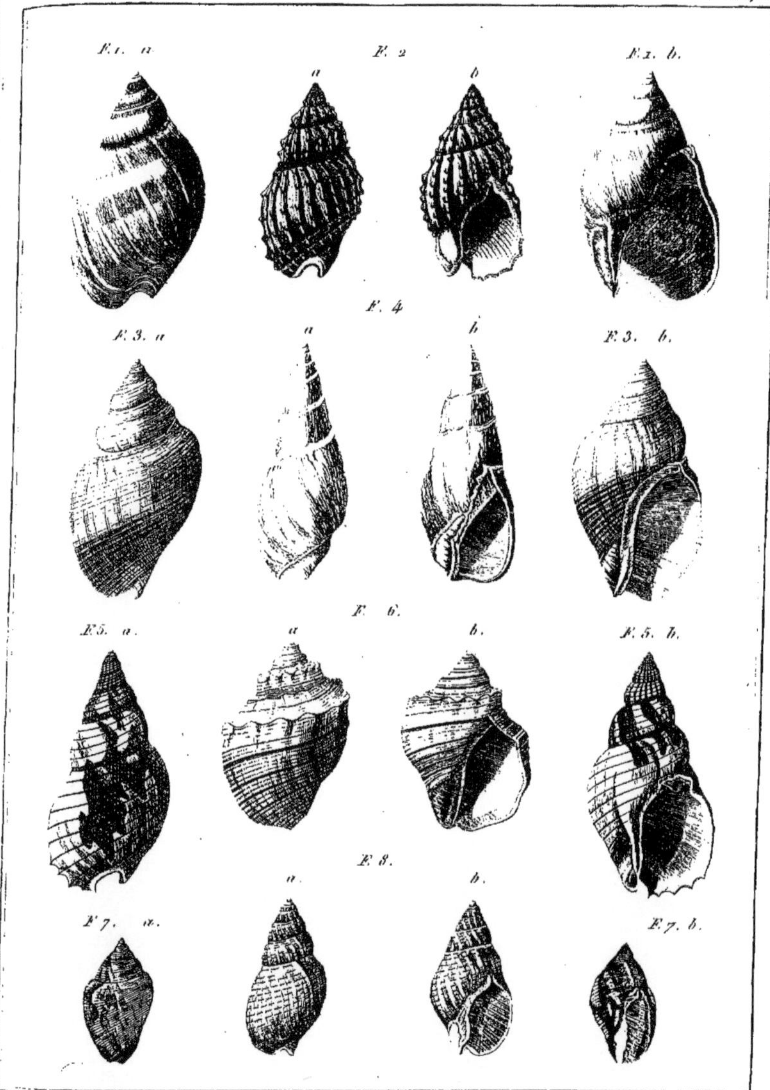

Histoire Naturelle, Coquilles univalves.

Eburne. *Eburna.* Pl. 401.

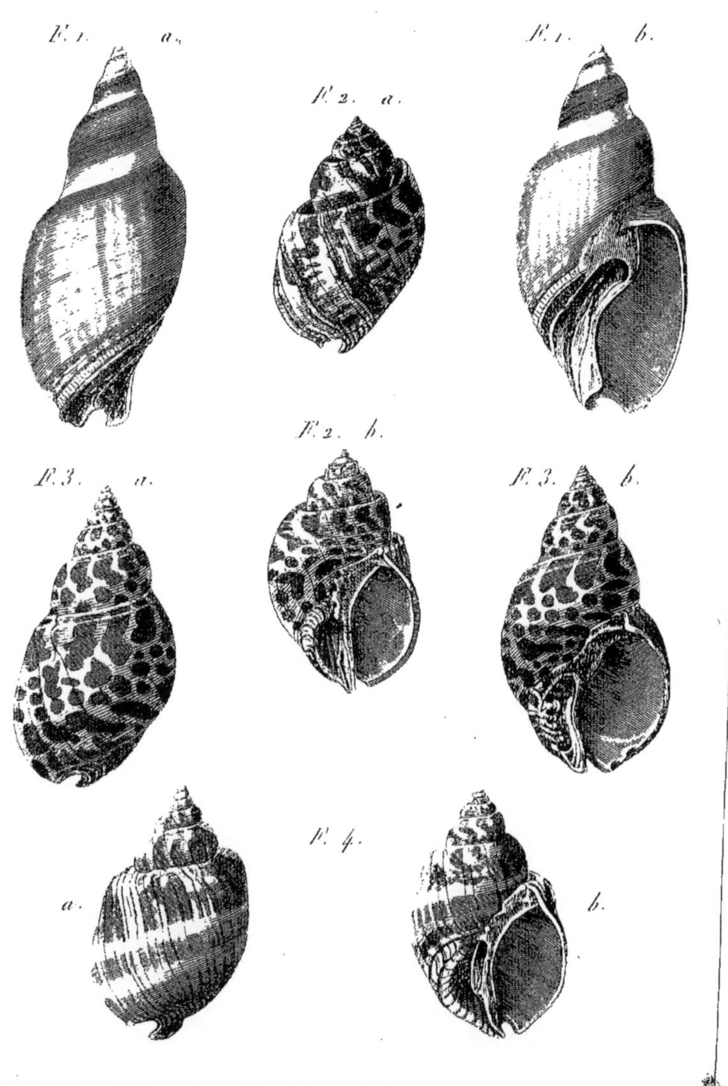

Hist. Nat; Coquilles Univalves.

Vis. *Terebra.* *Pl. 402.*

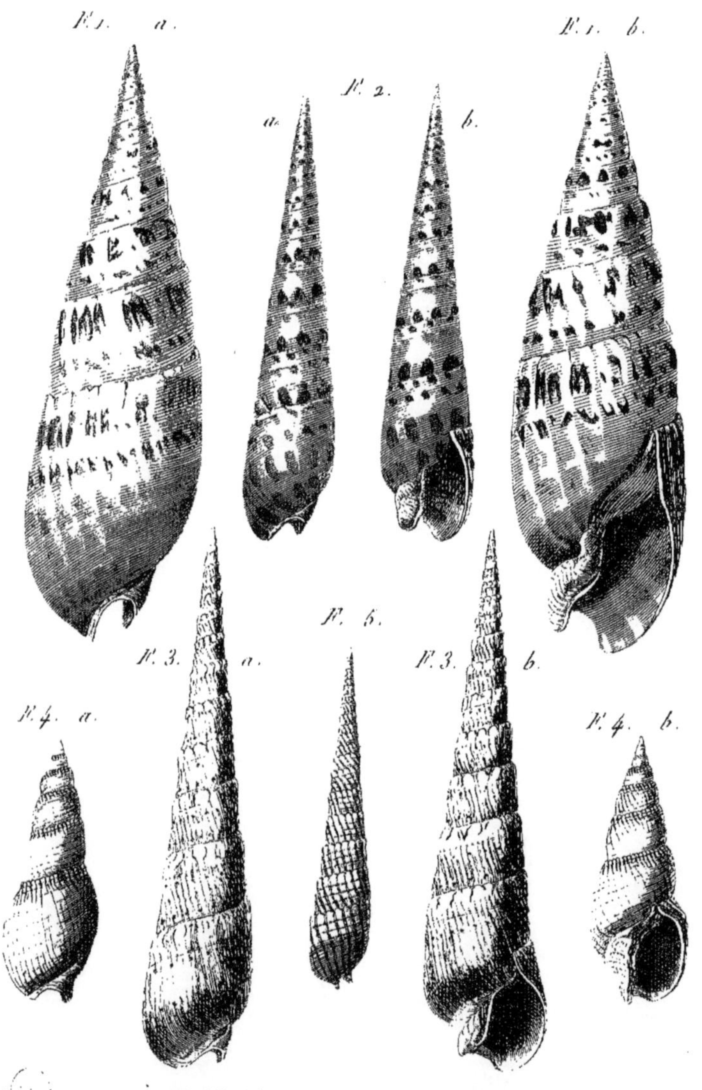

Hist. Nat; Coquilles Univalves.

Tonne. *Dolium*. Pl. 406.

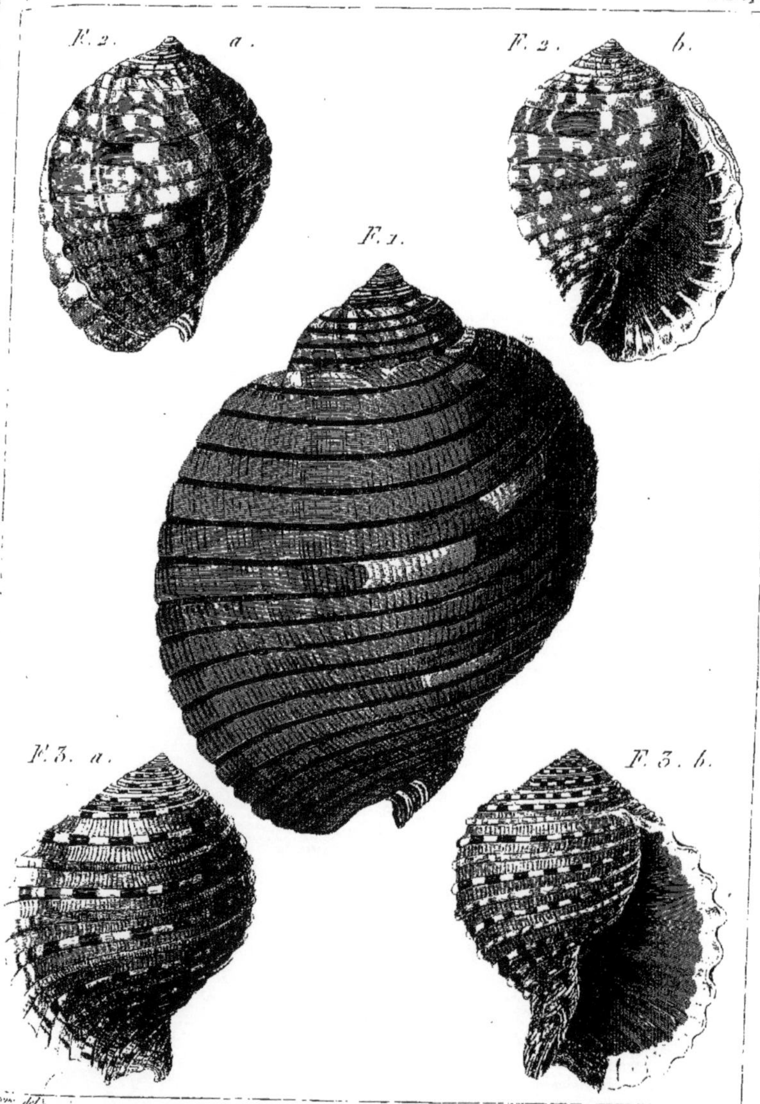

Hist. Nat. Coquilles Univalves.

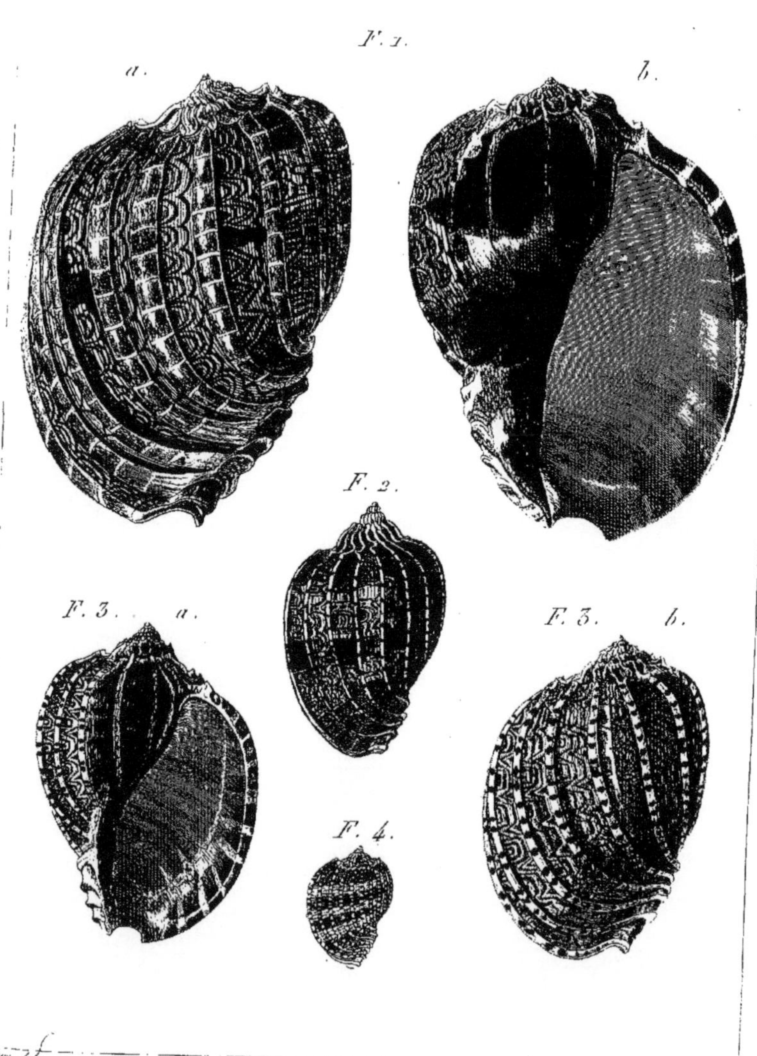

Hist. Nat. Coquilles Univalves.

Cassidaire. *Cassidaria.* Pl. 405.

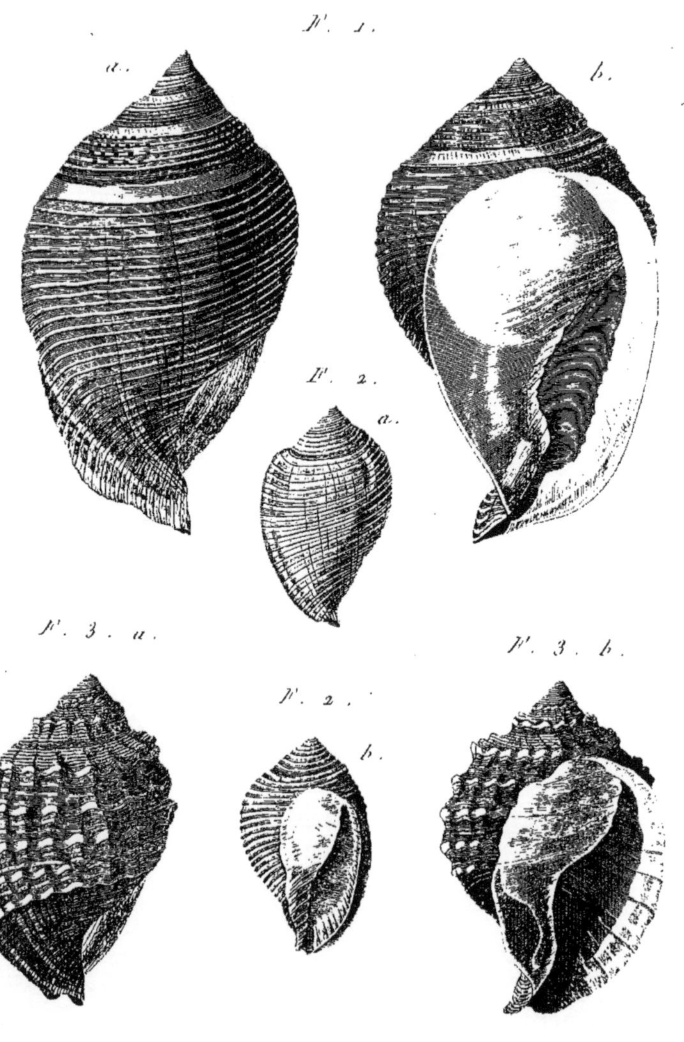

Hist. Nat. Coquilles Univalves.

Casque. *Cassis.* Pl. 406.

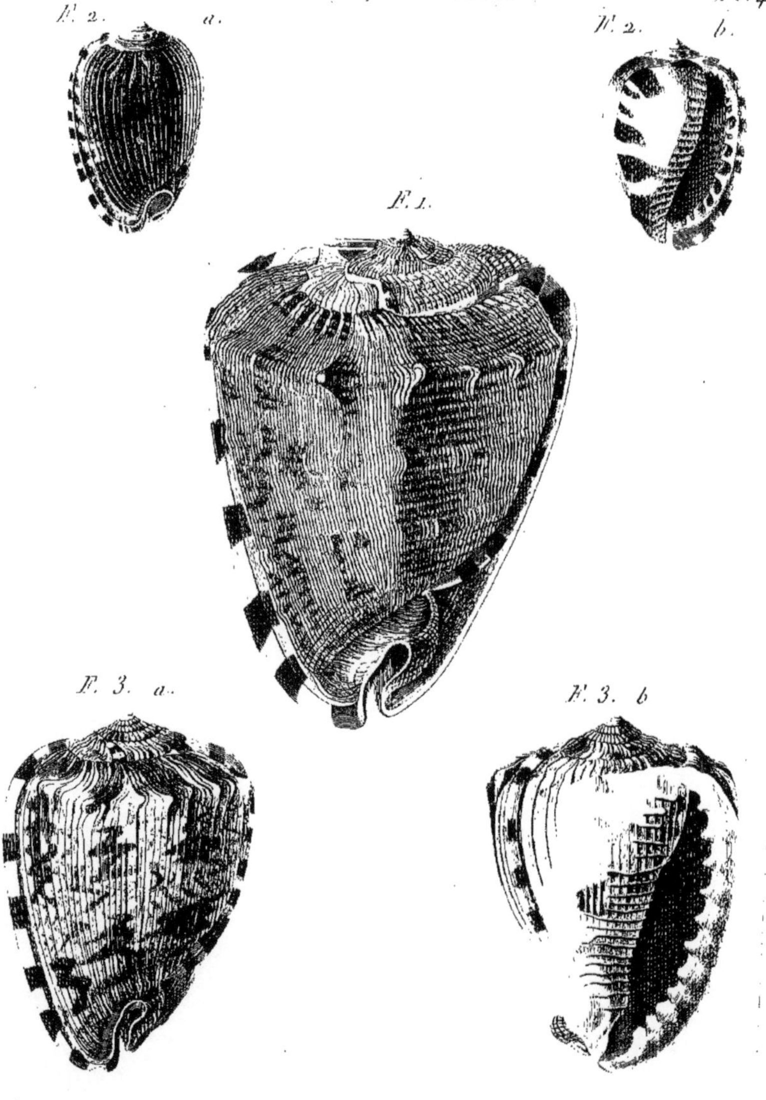

F. 2. a.

F. 2. b.

F. 1.

F. 3. a.

F. 3. b

Nivee del. et sc.

Hist. Nat; Coquilles Univalves. 13

Casque. *Cassis*. Pl. 407.

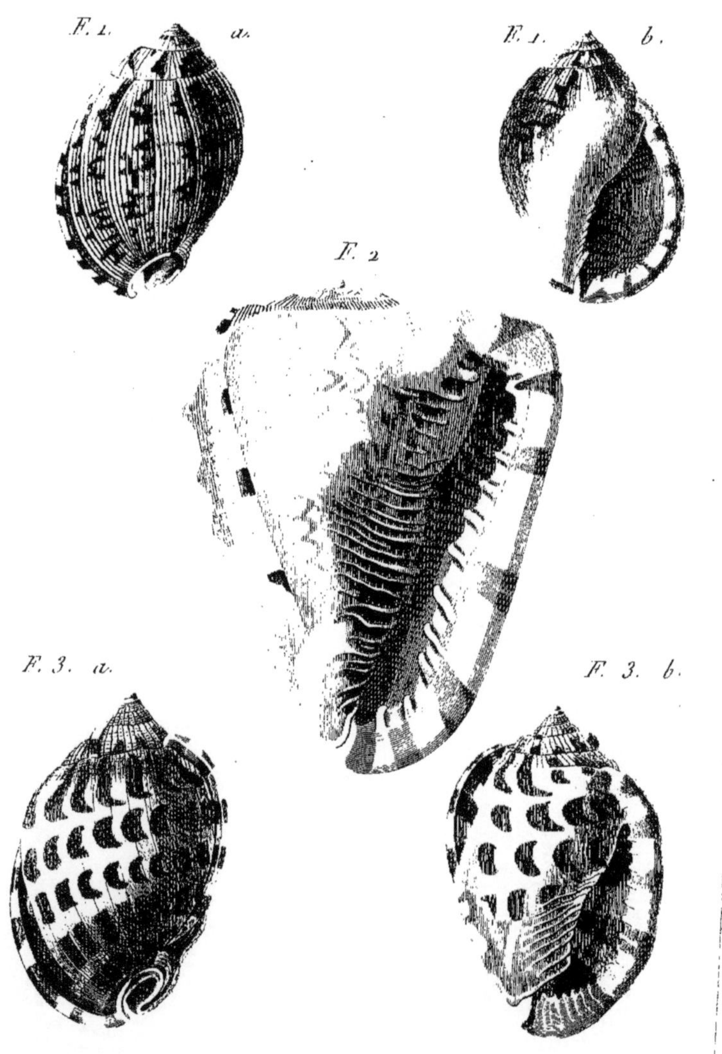

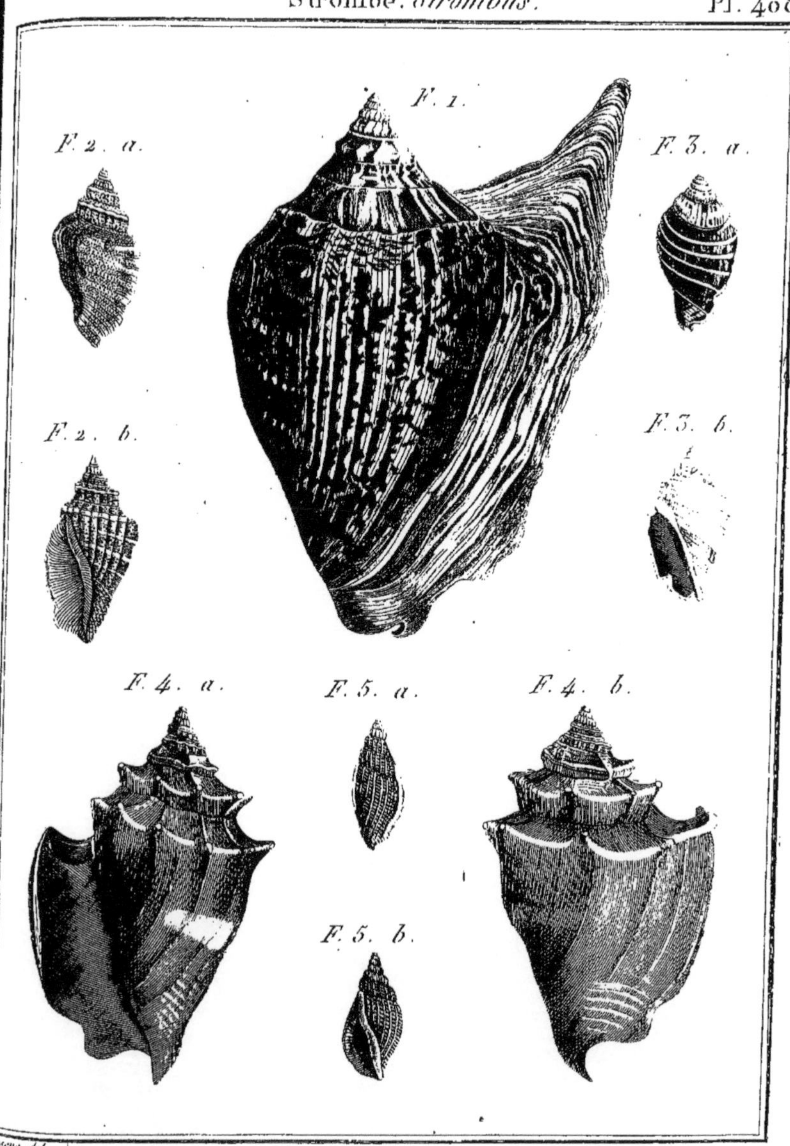

Prevost del.

Hist. Nat. Coquilles Univalves.

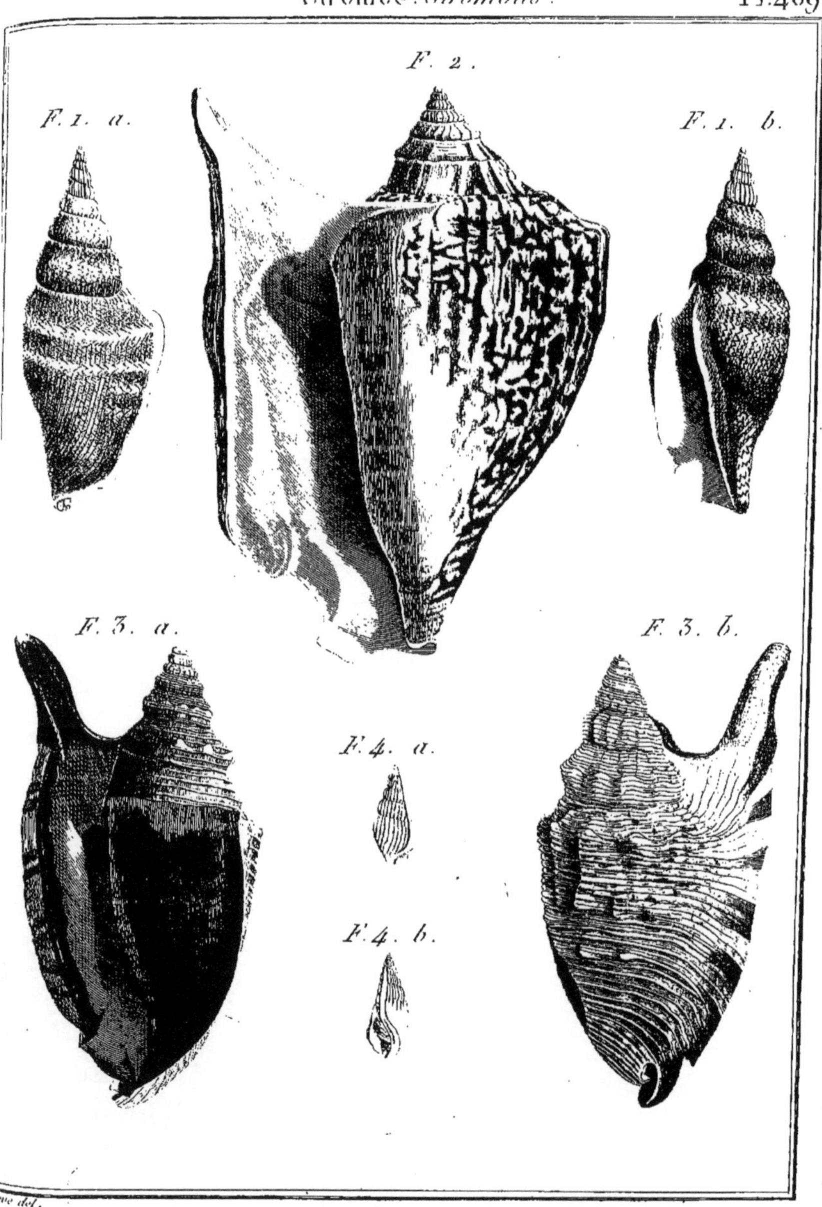

Hist. Nat. Coquilles Univalves.

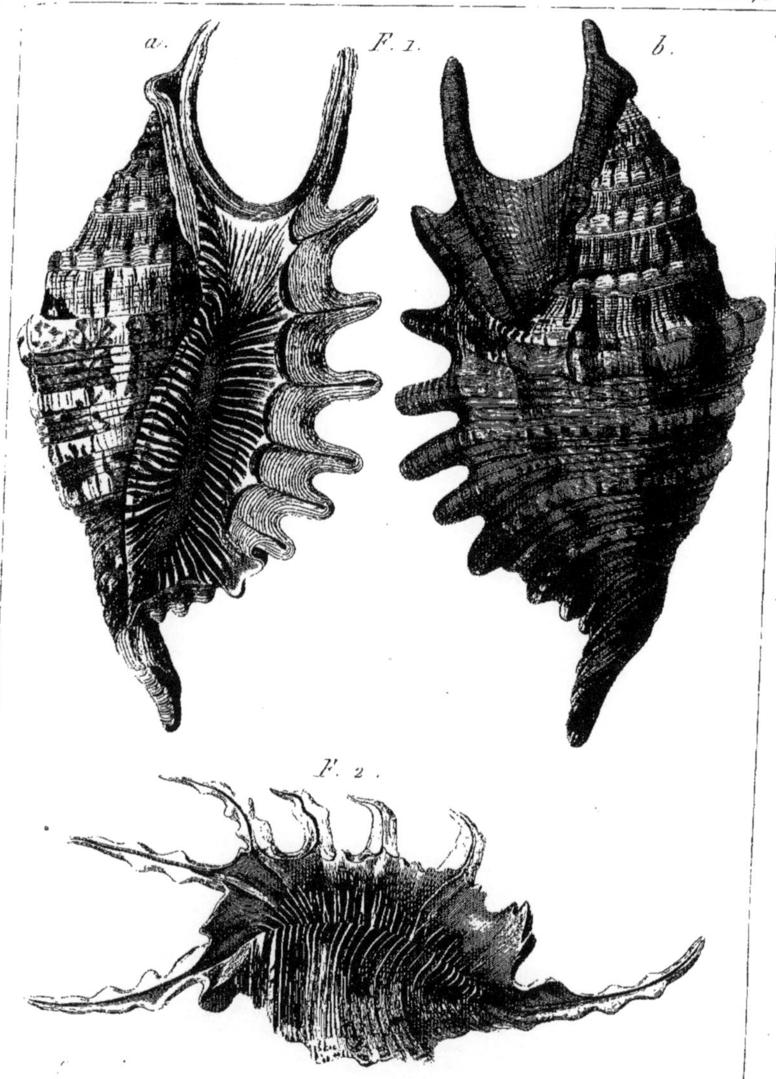

Bosc del.

Hist. Nat. Coquilles Univalves.

Rostellaire. *Rostellaria.* Pl. 411.

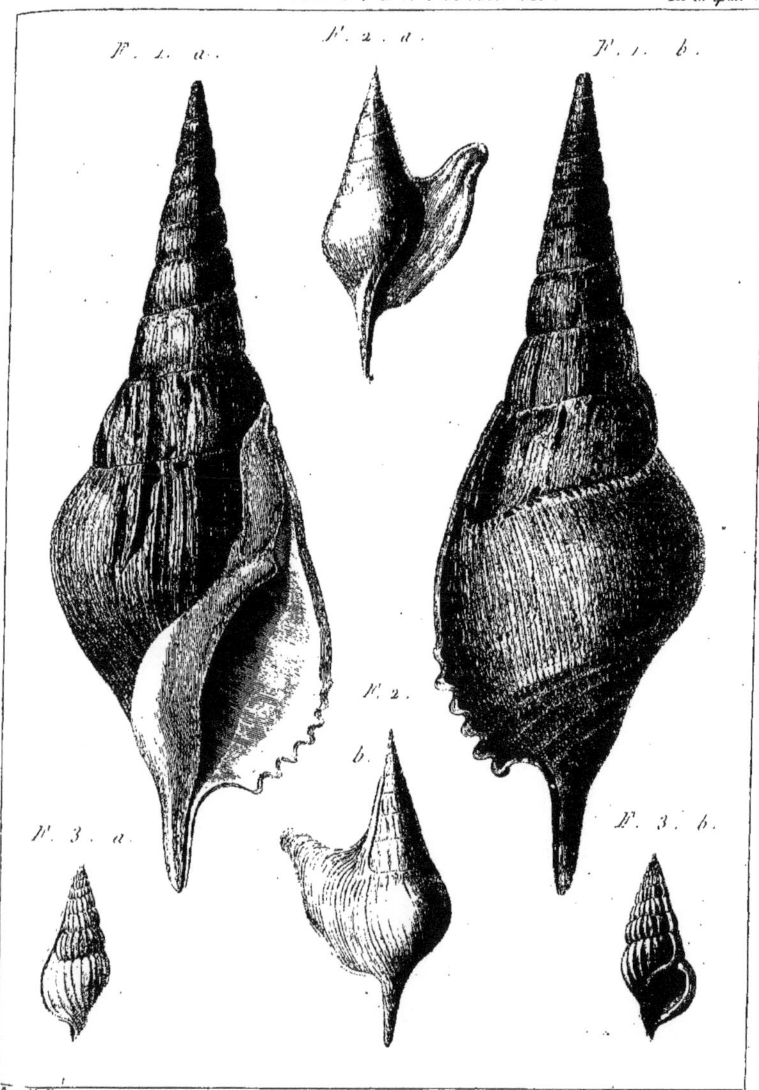

Hist. Nat. Coquilles Univalves.

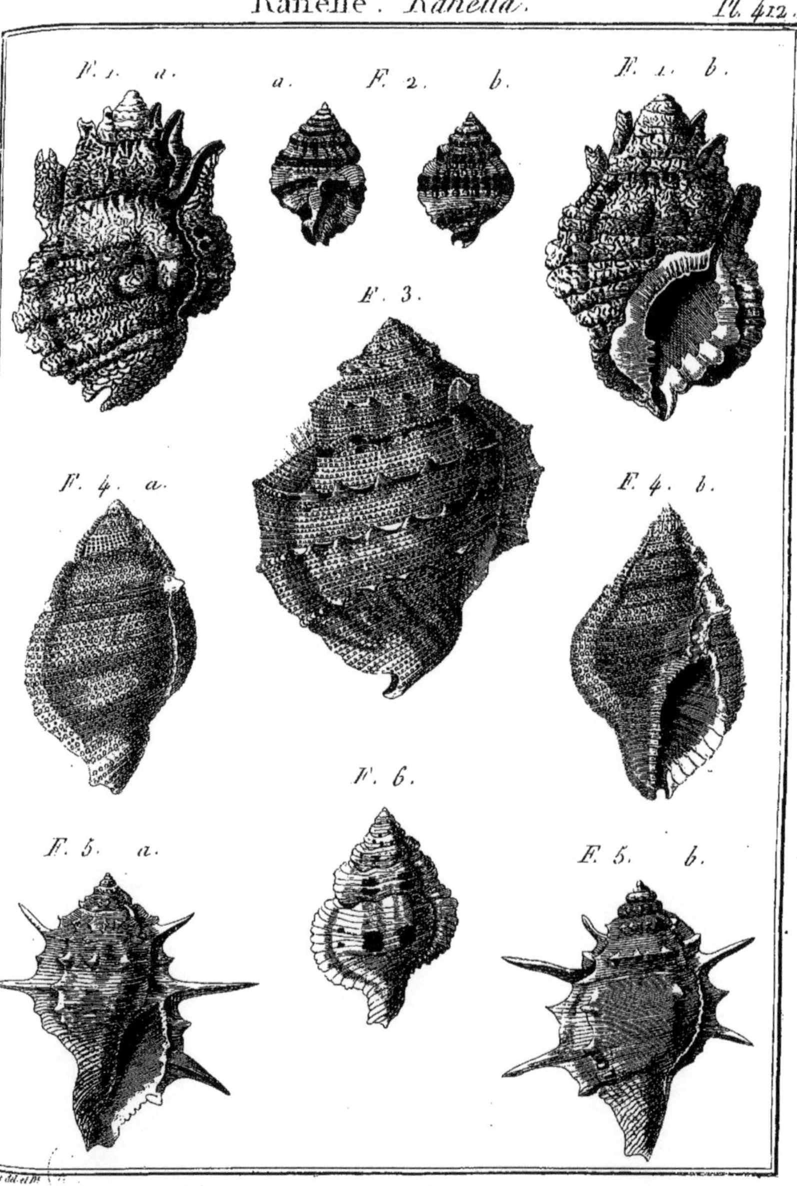
F. 1. a.
a. F. 2. b.
F. 1. b.
F. 3.
F. 4. a.
F. 4. b.
F. 6.
F. 5. a.
F. 5. b.

Ranelle et Triton. *Ranella, Triton.* *Pl. 413.*

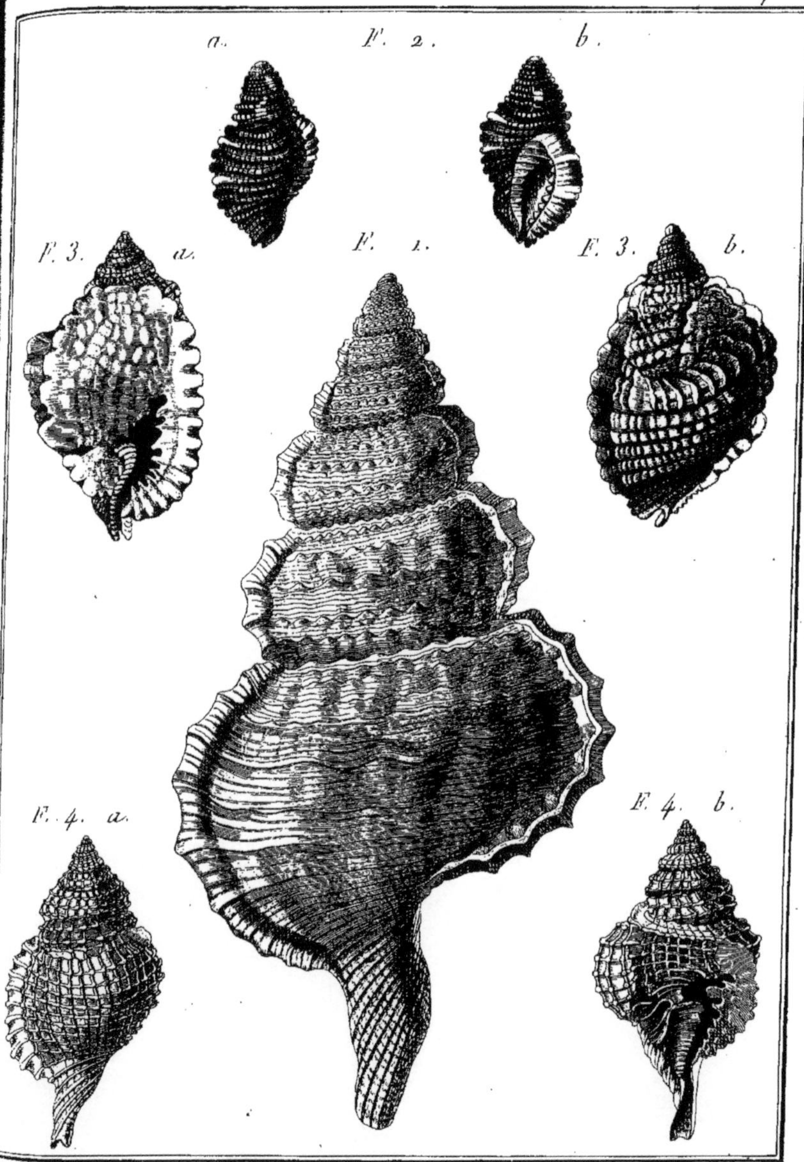

Histoire Nat; Coquilles Univalves.

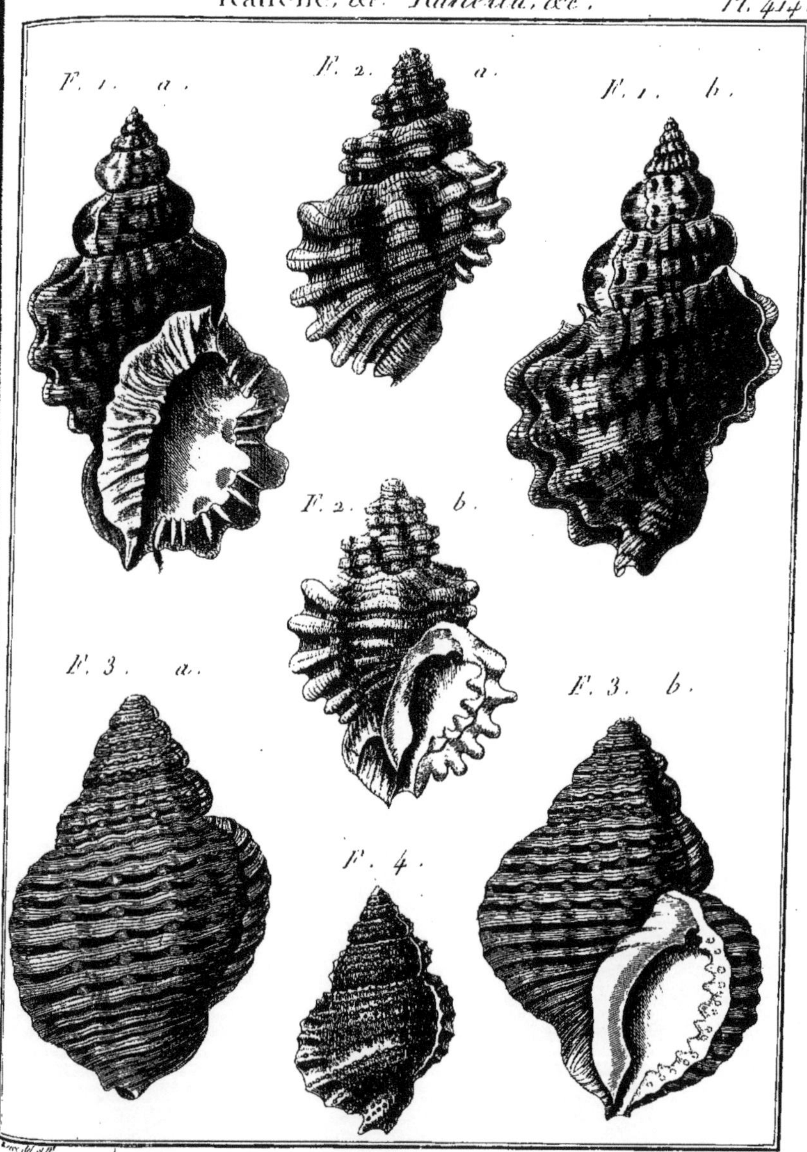
F. 1. a.
F. 2. a.
F. 1. b.
F. 2. b.
F. 3. a.
F. 3. b.
F. 4.

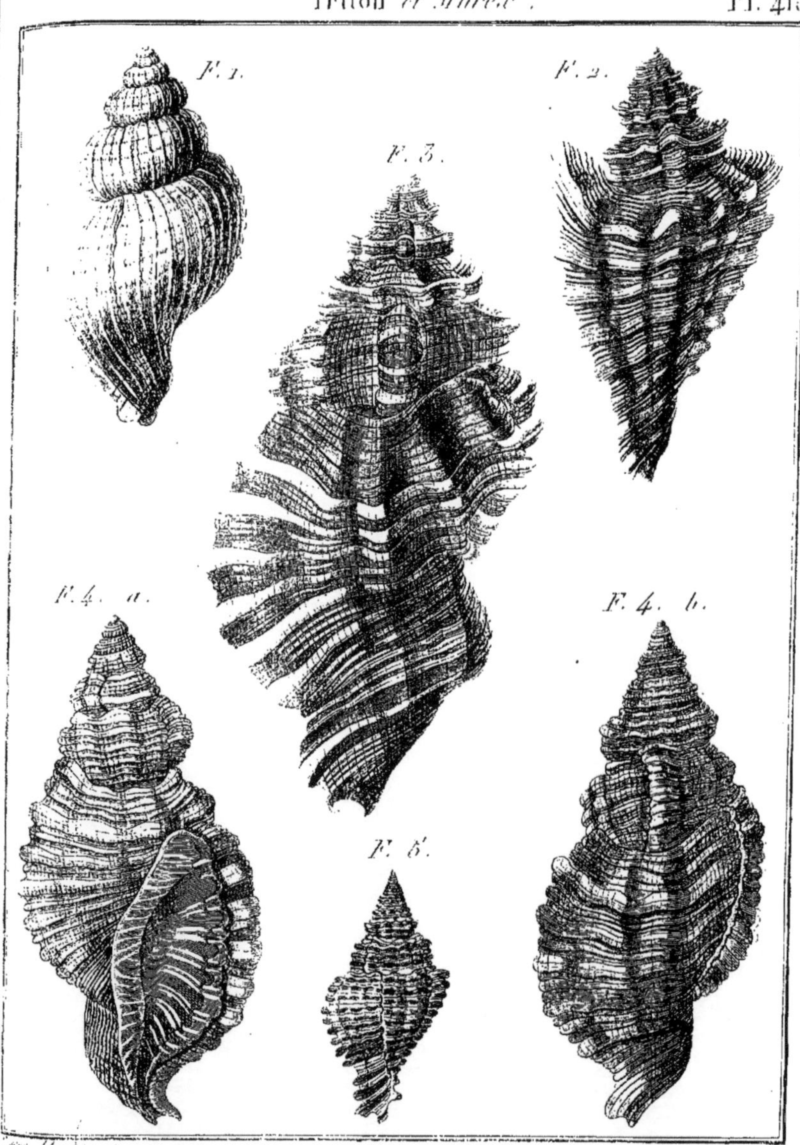

Hist. Nat. Coquilles Univalves.

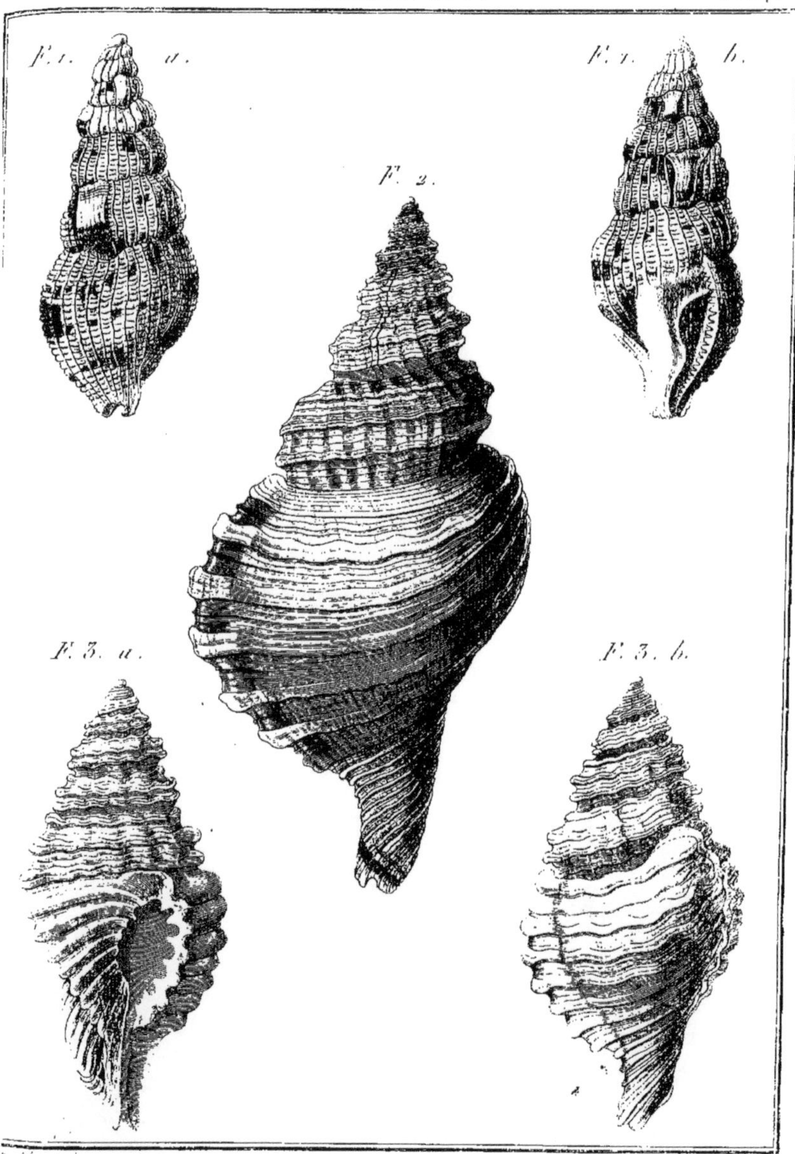

Hist. Nat. Coquilles Univalves.

Rocher. *Murex*. Pl. 417.

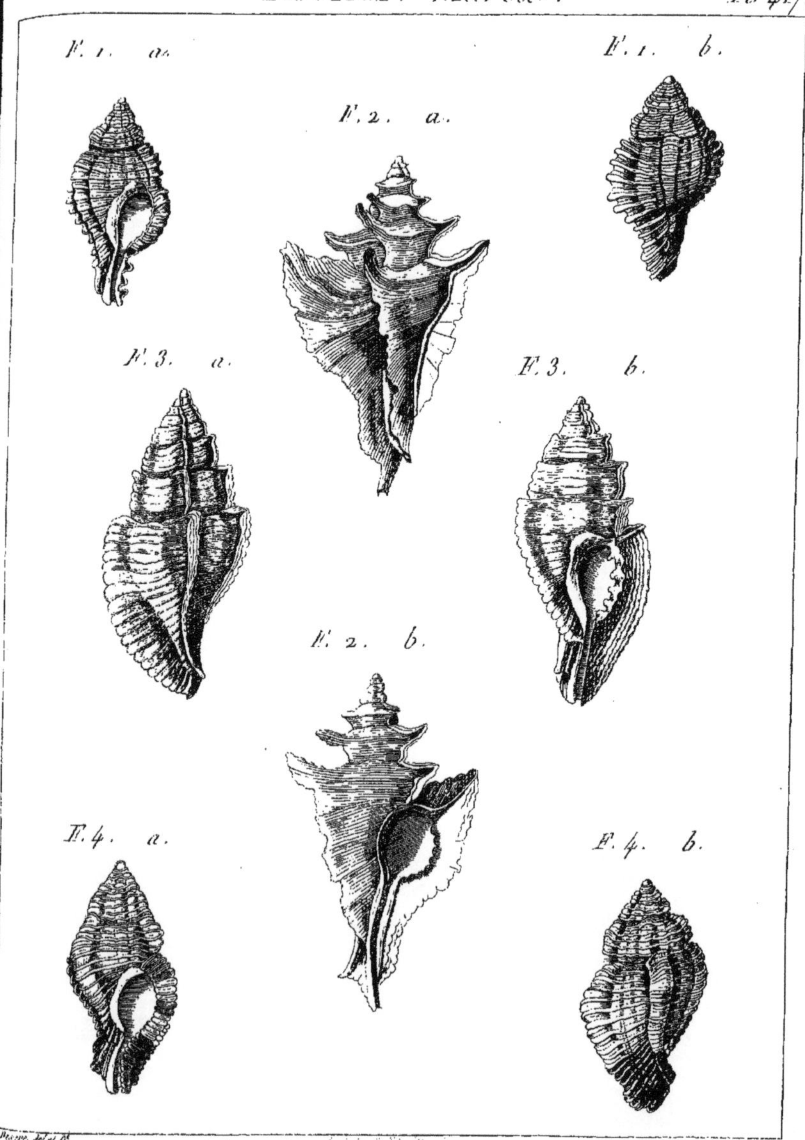

Hist. Nat; Coquilles Univalves.

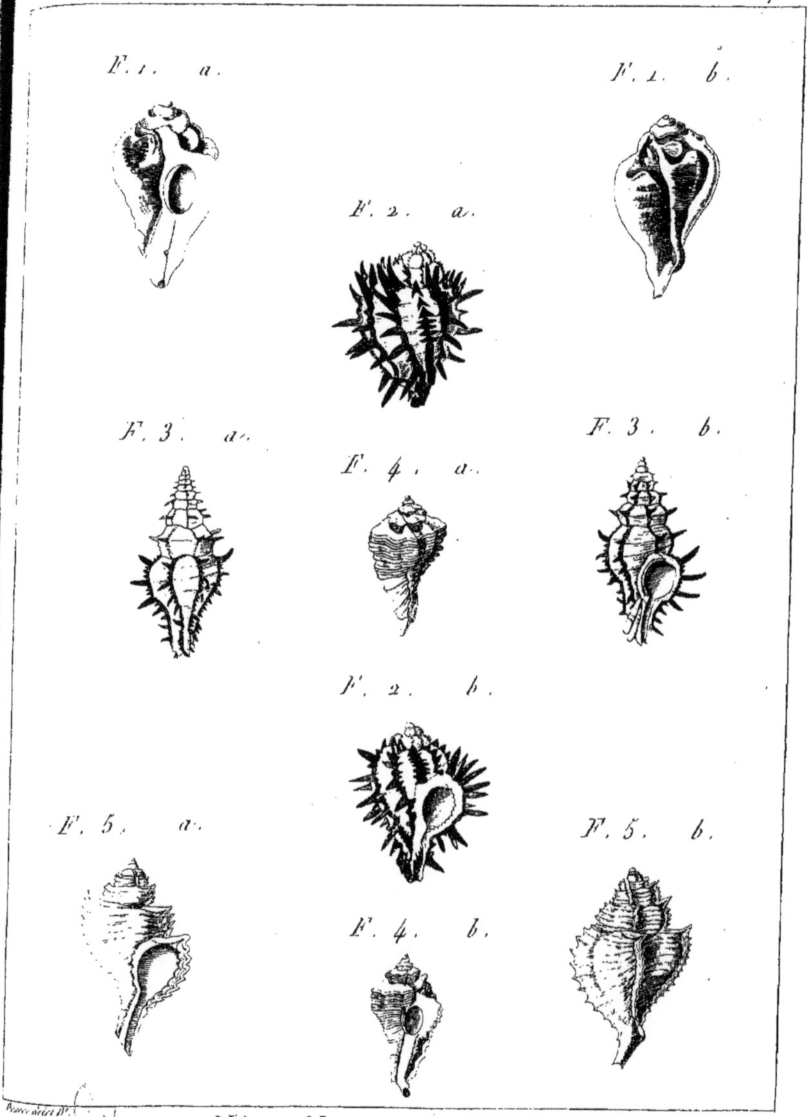

F. 1. a.

F. 1. b.

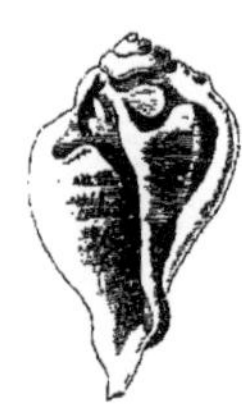

F. 2. a.

F. 3. a.

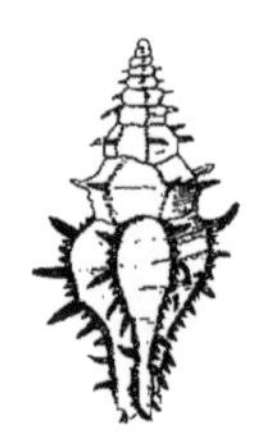

F. 4. a.

F. 3. b.

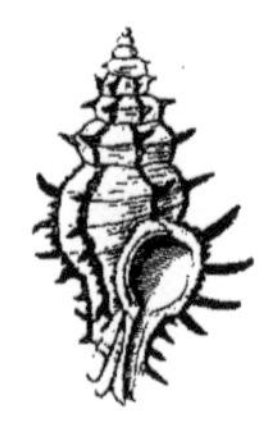

F. 2. b.

F. 5. a.

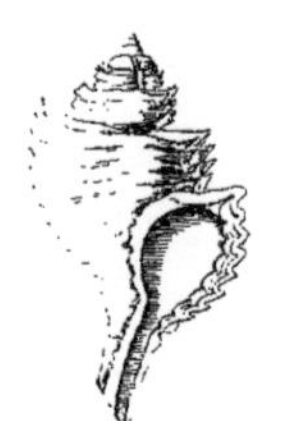

F. 4. b.

F. 5. b.

Hist. Nat; Coquilles Univalves.

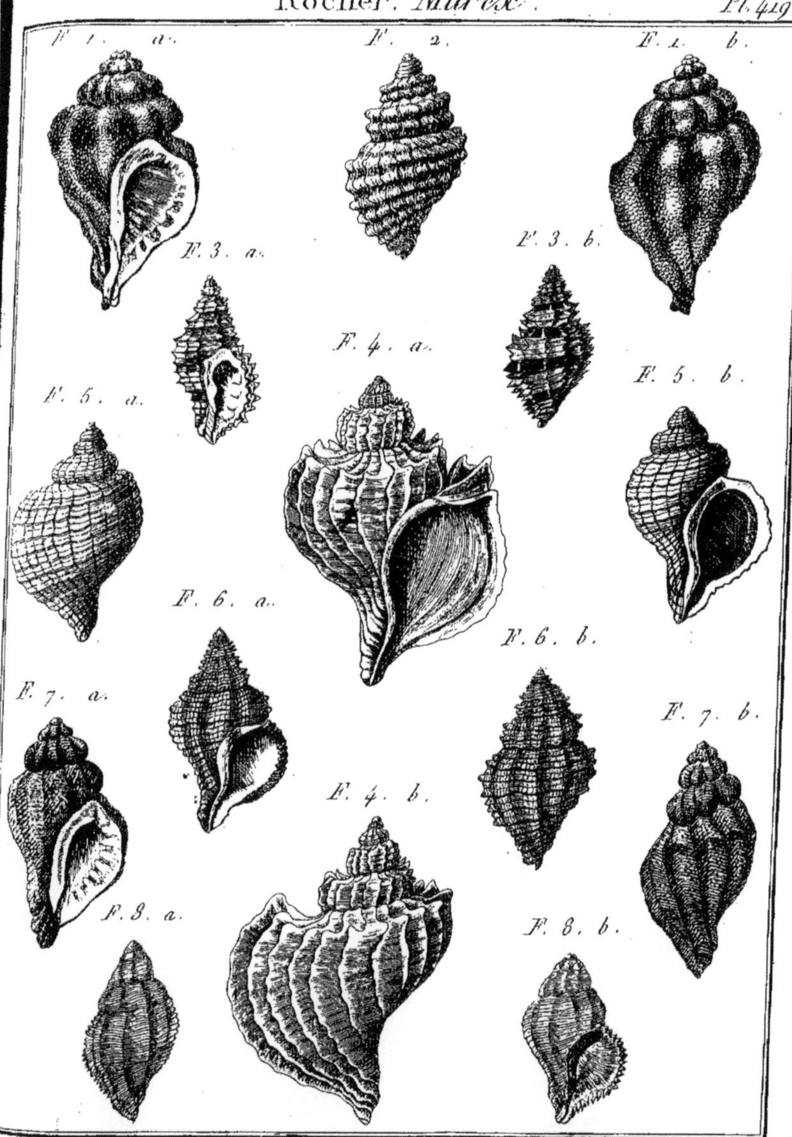

Hist. Nat.; Coquilles Univalves.

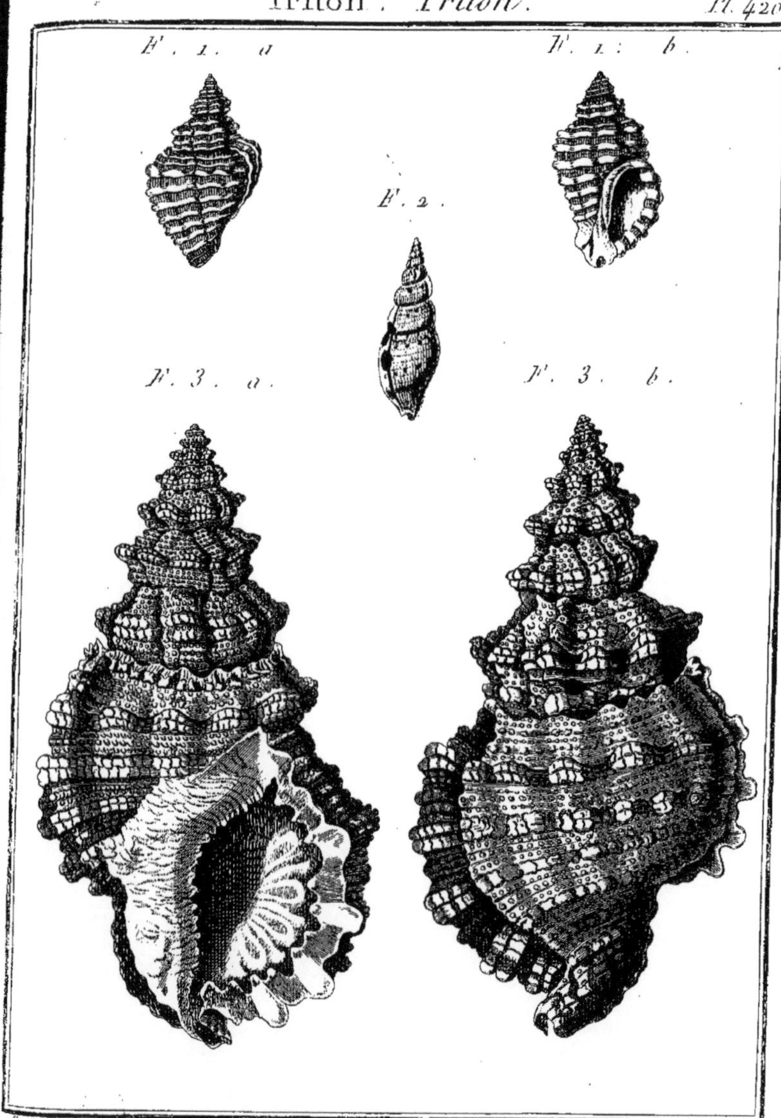

Desève del. et sc.

Hist. Nat; Coquilles Univalves.

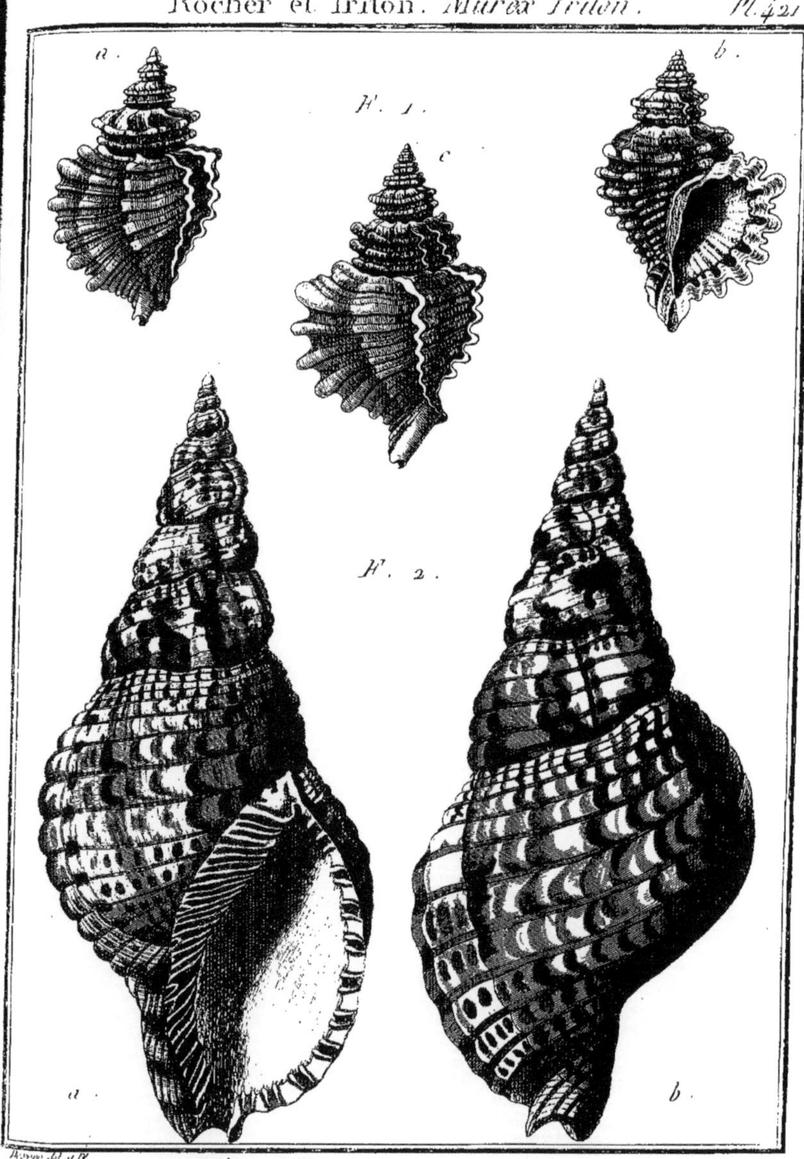

Desève del. et Sc.

Hist. Nat; Coquilles Univalves.

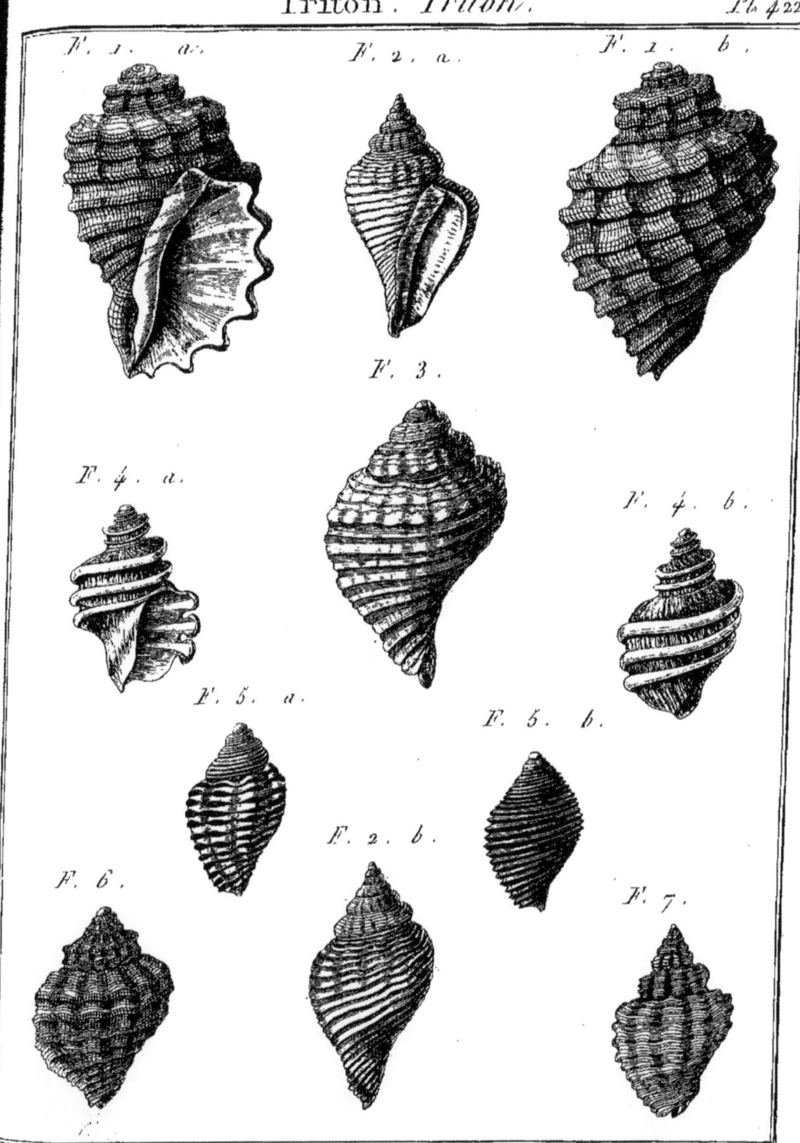

Hist; Nat. Coquilles Univalves.

17

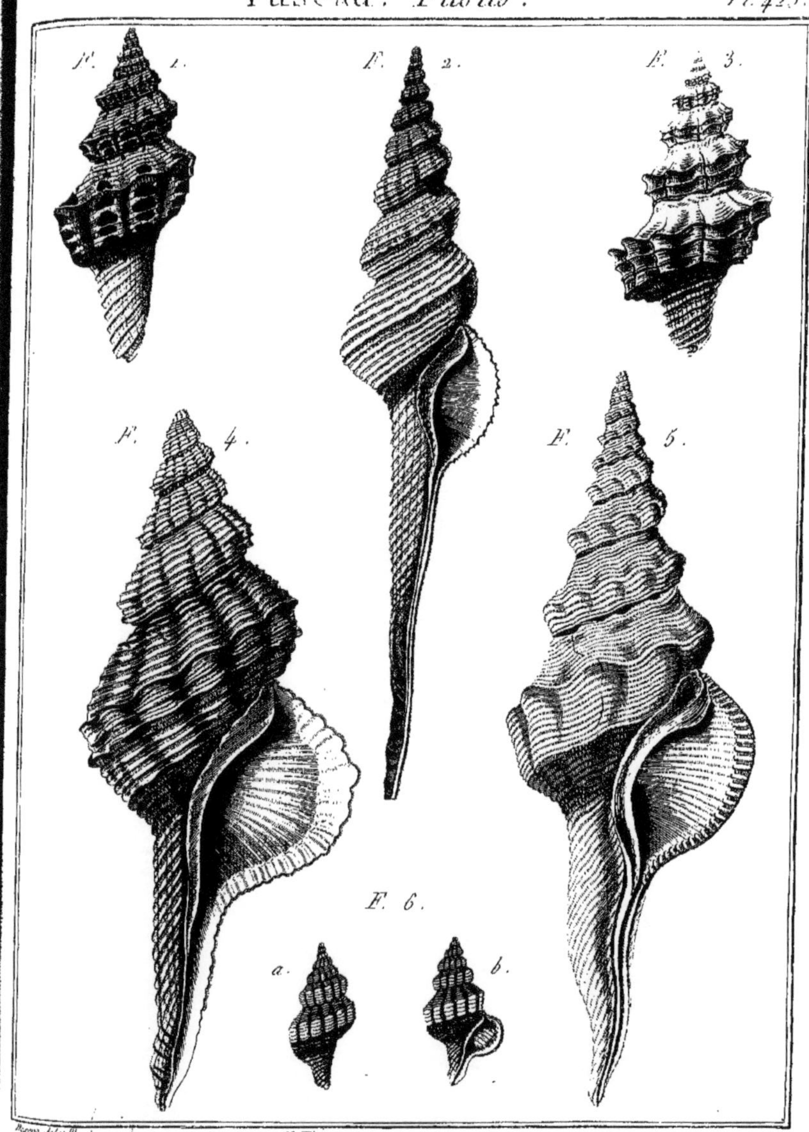

Hist. Nat; Coquilles Univalves.

Fuseau. *Fusus*. Pl. 424.

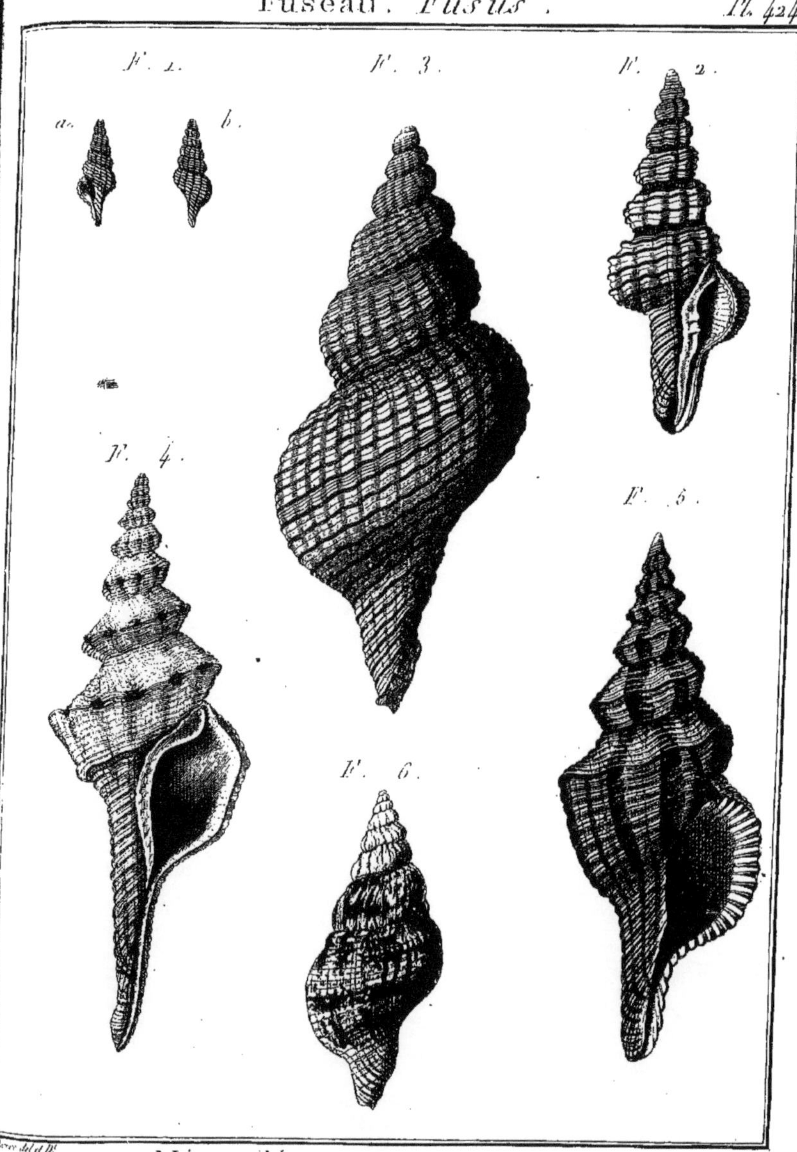

Hist; Nat. Coquilles Univalves.

Fuseau. *Fusus*. Pl. 425.

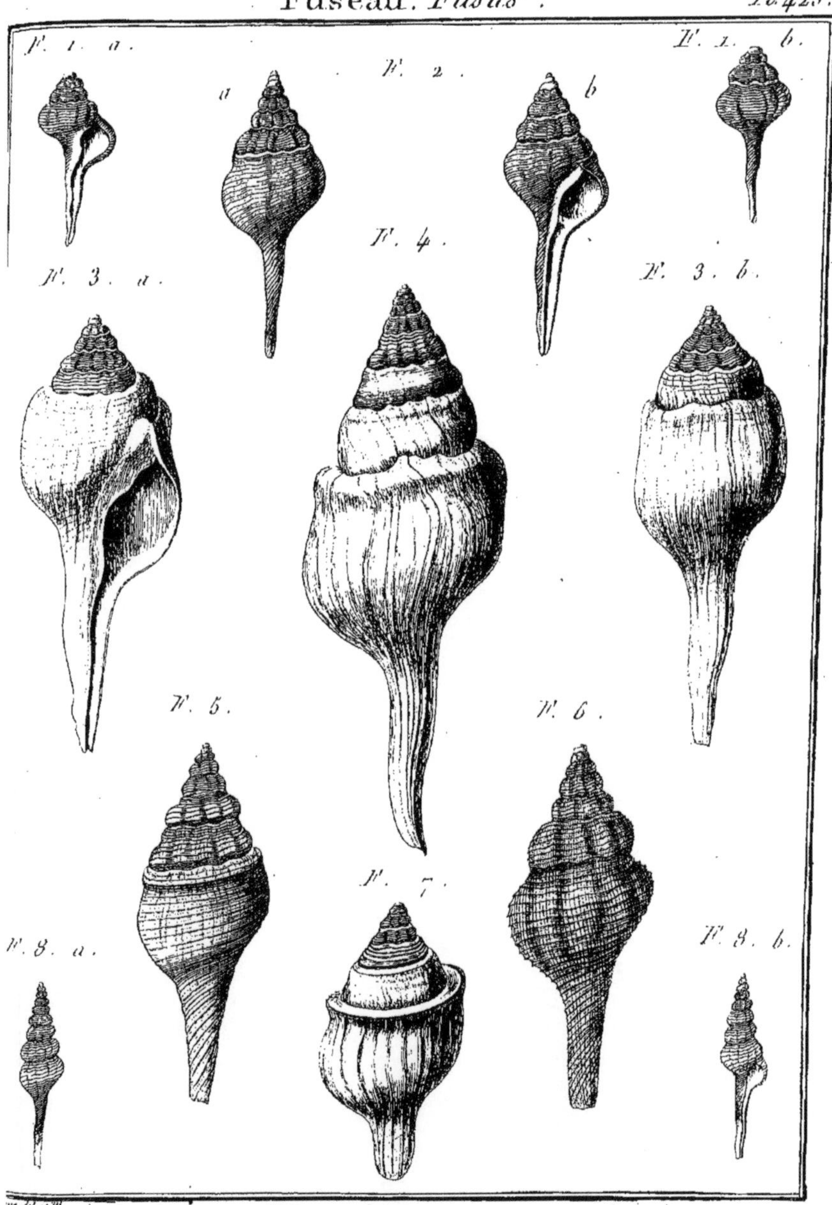

Hist. Nat. Coquilles Univalves.

Fuseau. *Fusus*. Pl. 426.

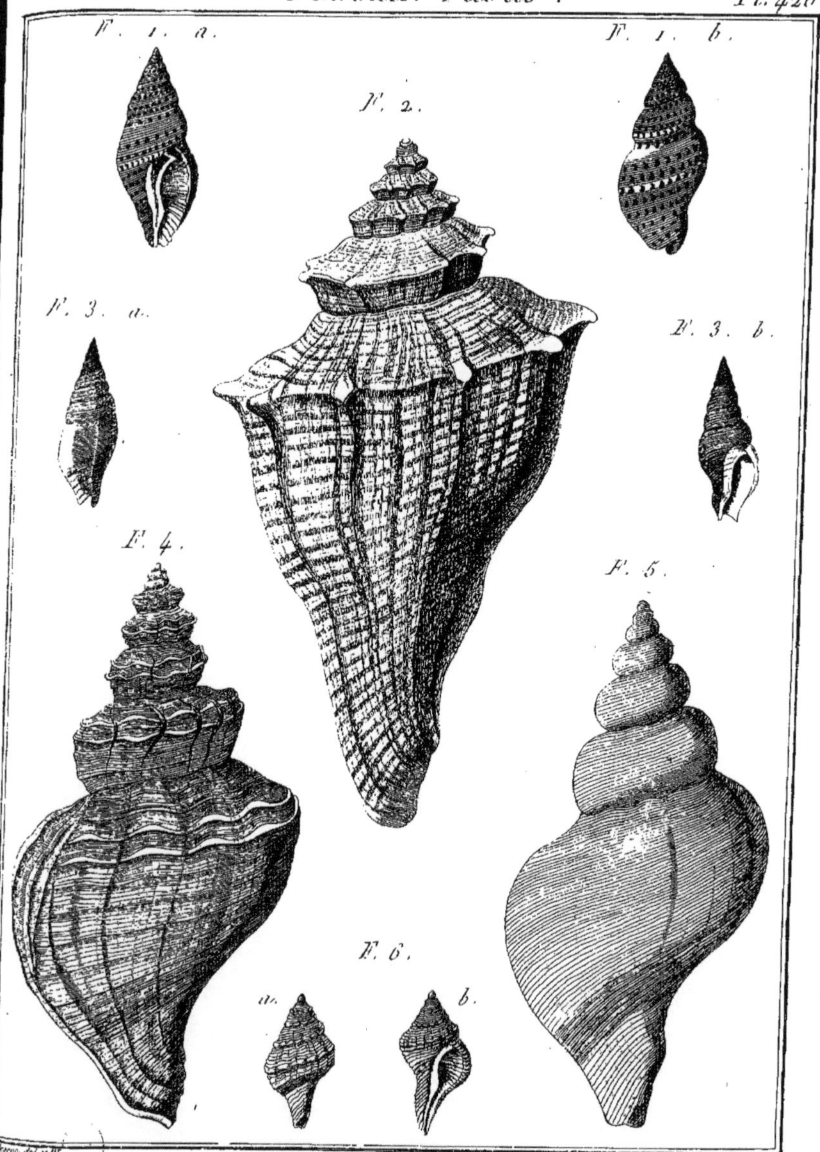

Hist. Nat.; Coquilles Univalves.

Fuseau. *Fusus.* Pl. 427.

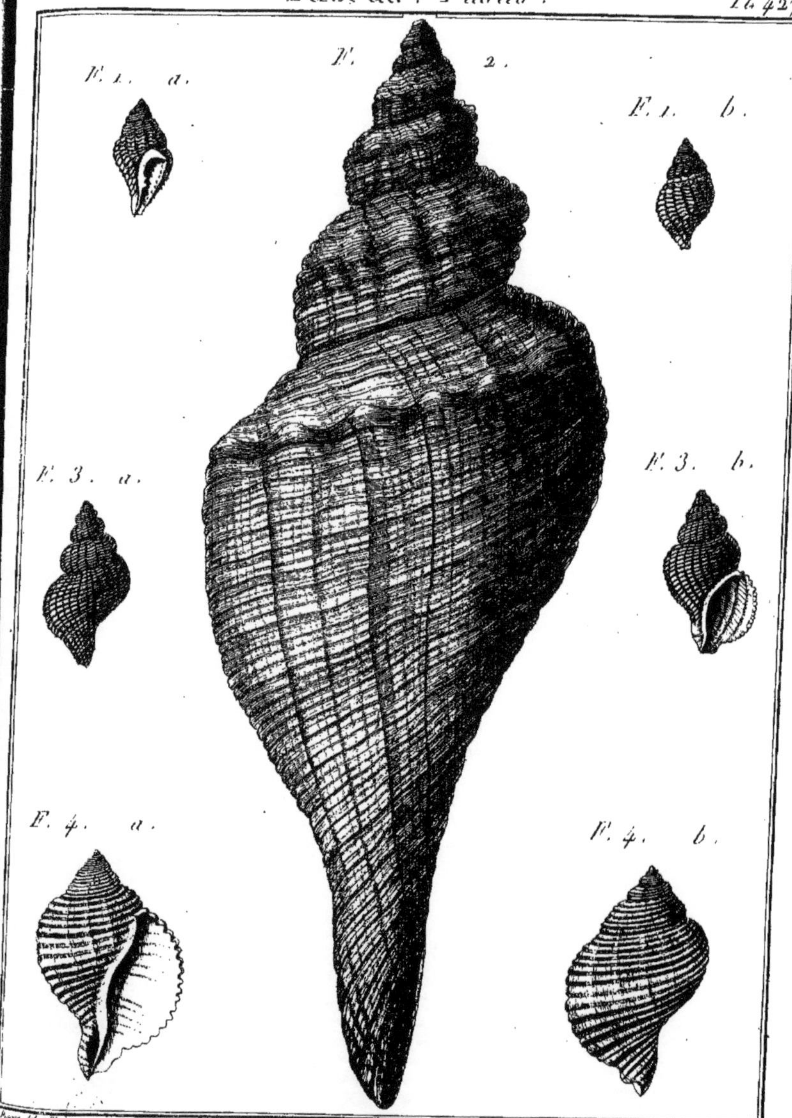

Hist. Nat; Coquilles Univalves.

Fuséau. *Fusus*. Pl. 428.

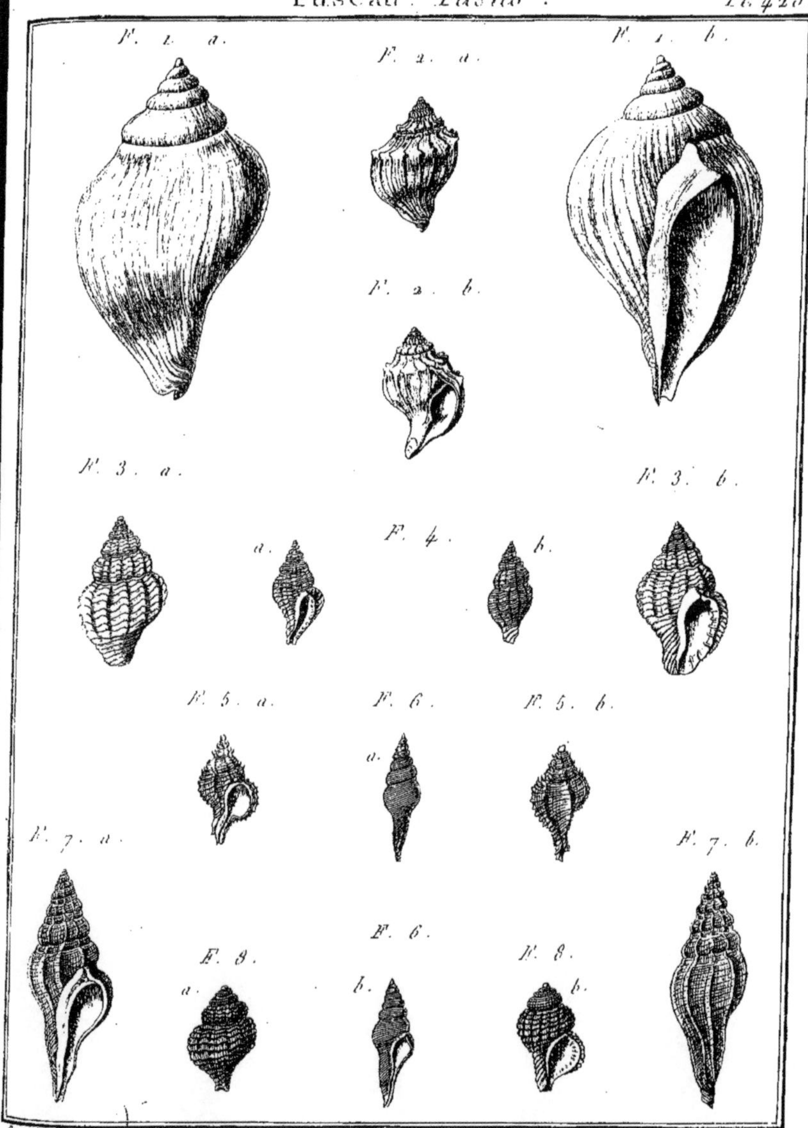

Hist. Nat; *Coquilles Univalves.*

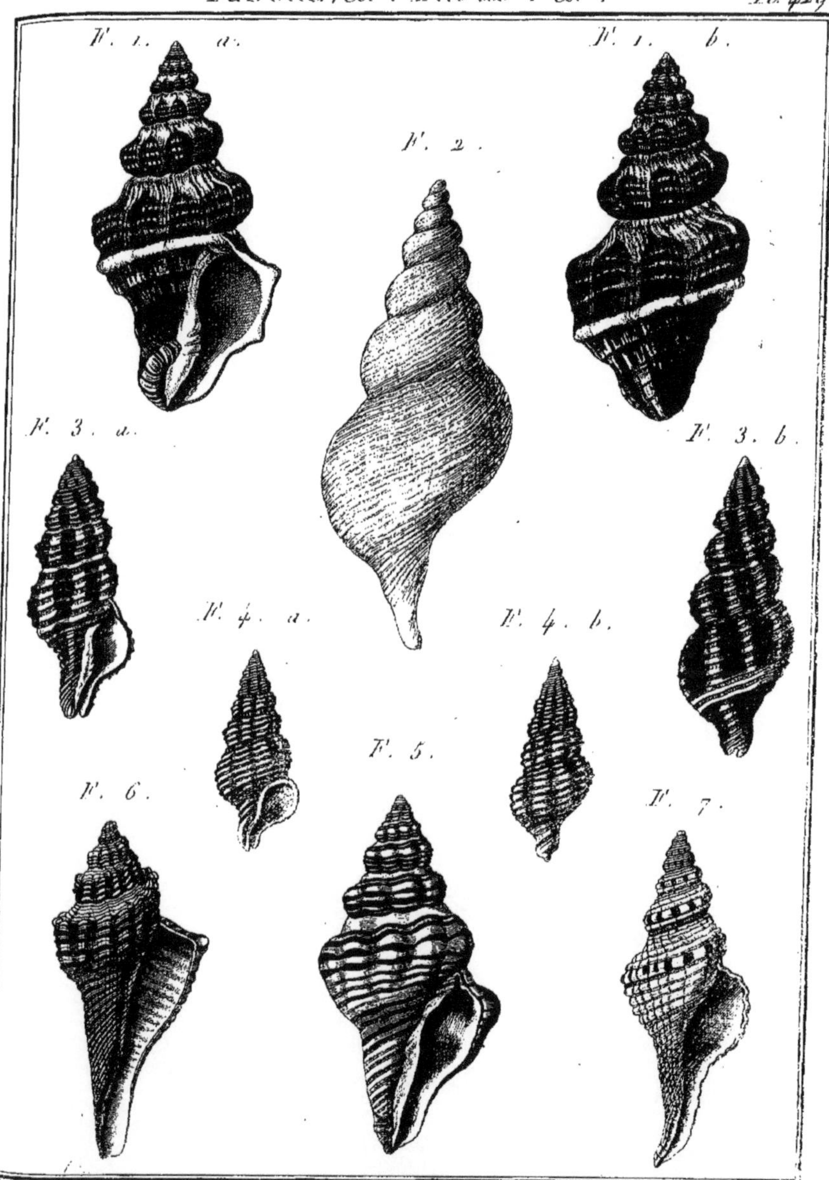

Hist; Nat. *Coquilles Univalves.*

Fuseau, &c. Fusus, &c. Pl. 430.

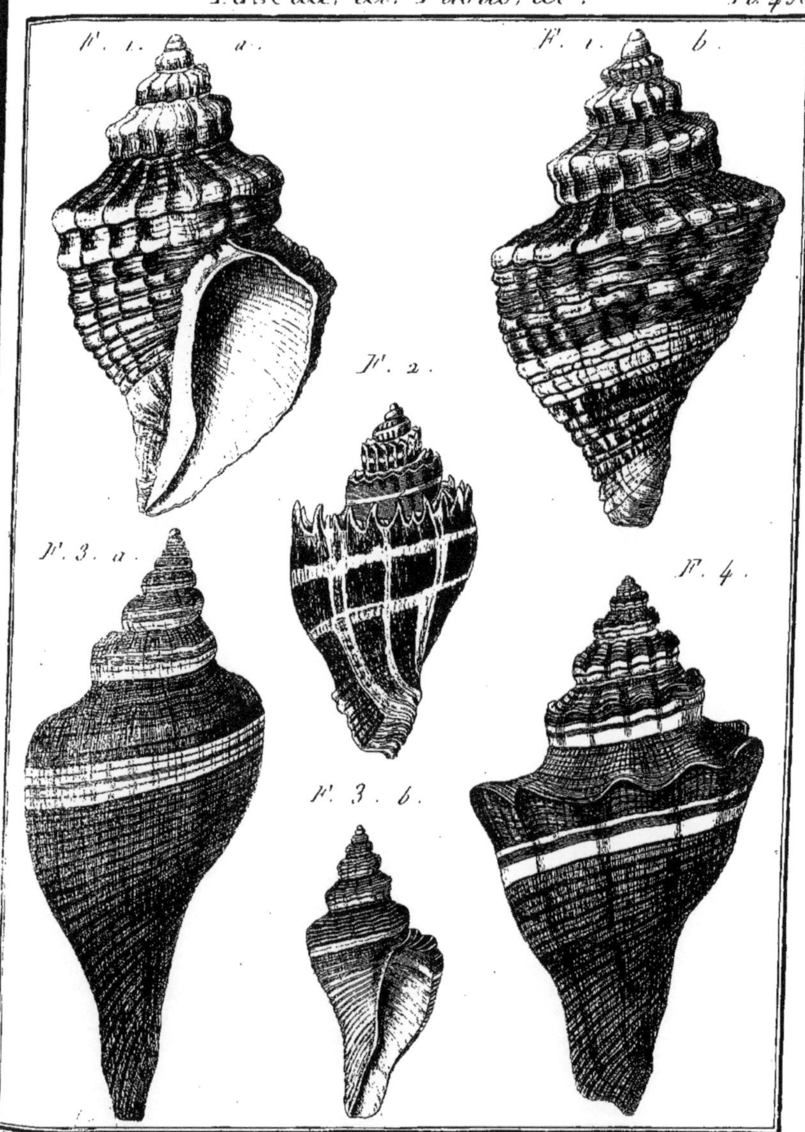

Hist. Nat; Coquilles Univalves.

Fasciolaire, &c. *Fasciolaria,* &c. *Pl. 431.*

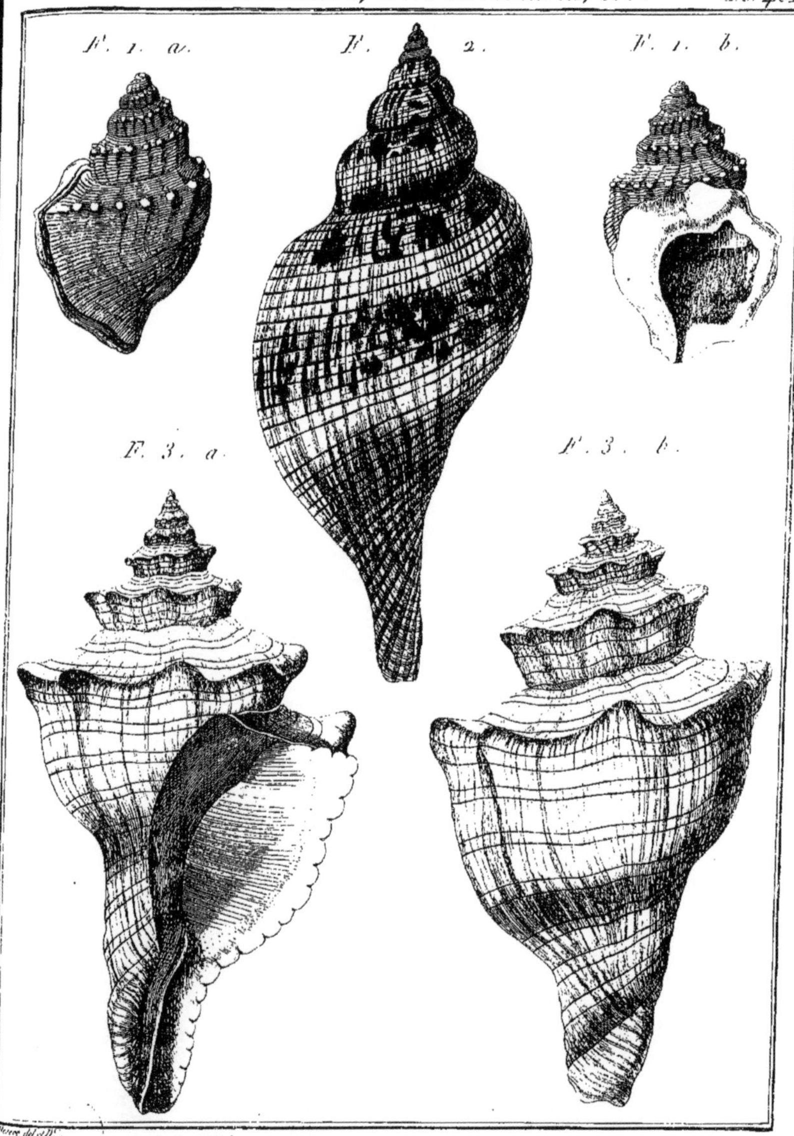

Hist. Nat; Coquilles Univalves.

Turbinelle *Turbinella* Pl. 431. bis

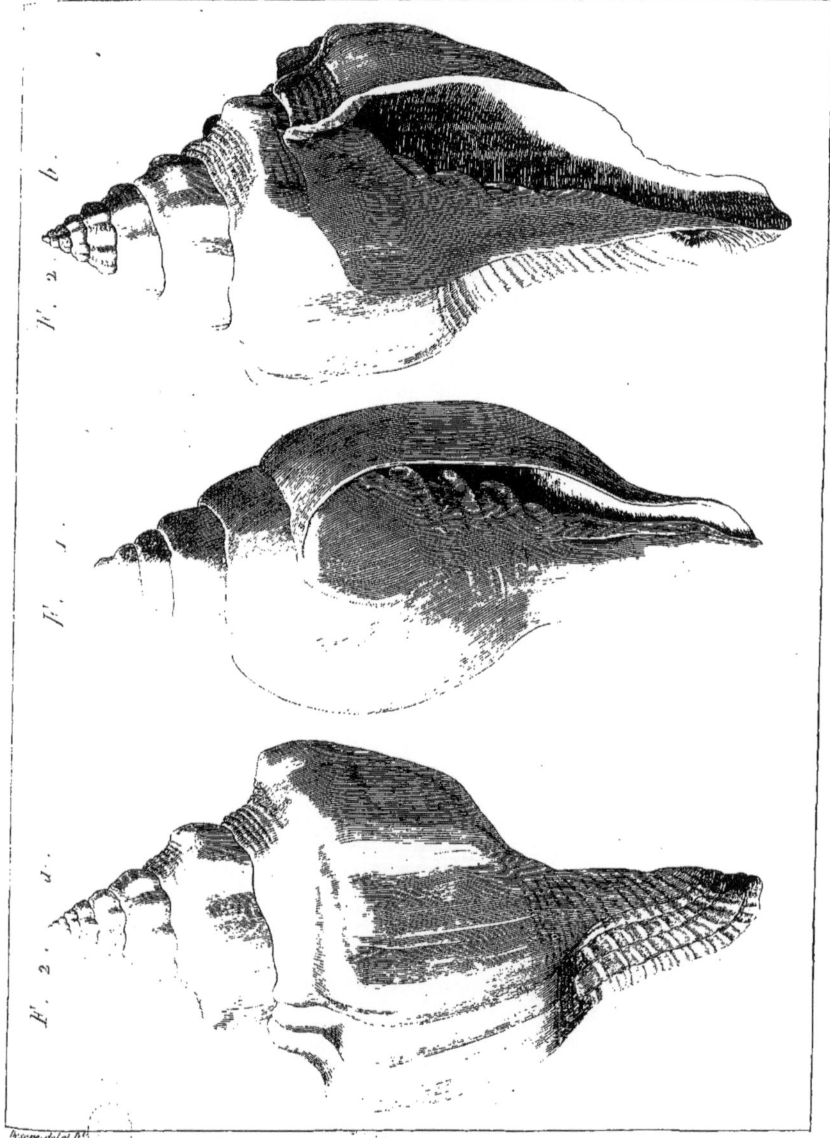

Desève del.

Hist. Nat; Coquilles Univalves.

Turbinelle *Turbinella*. *Pl. 431. bis.* *

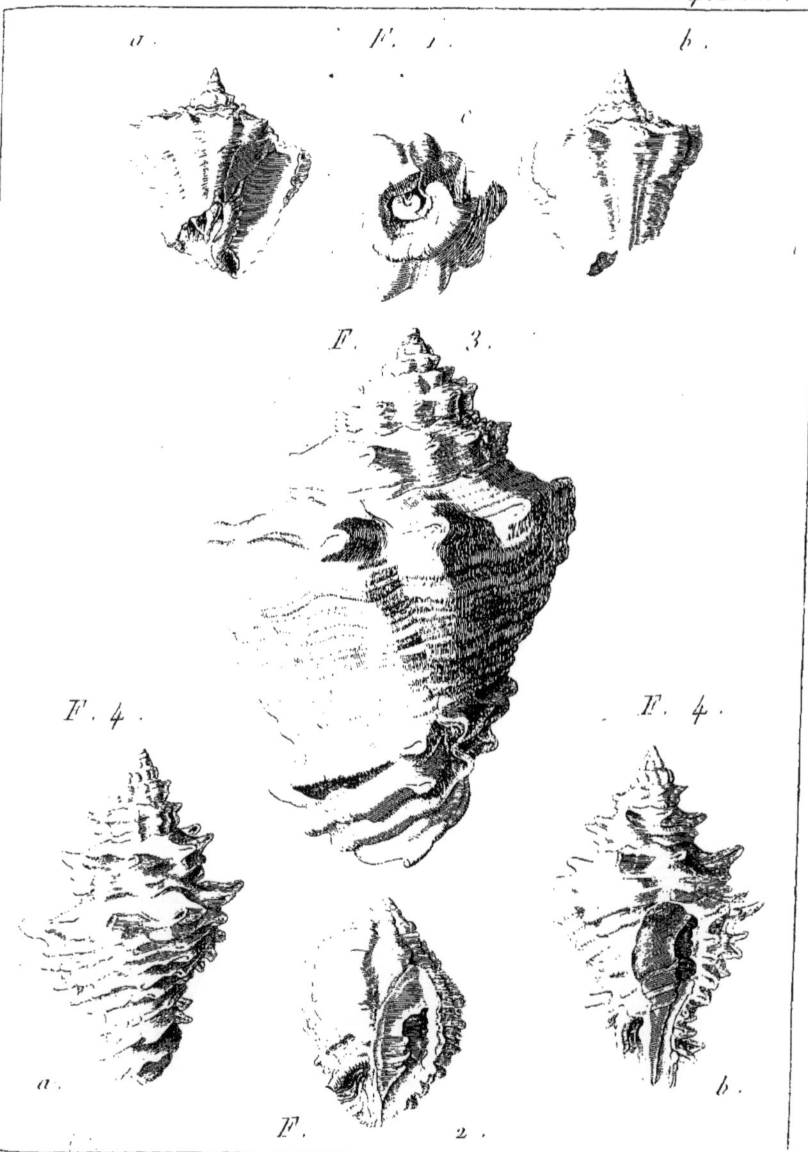

Hist. Nat; Coquilles Univalves.

Pyrule. *Pyrula.* Pl. 4[illegible]

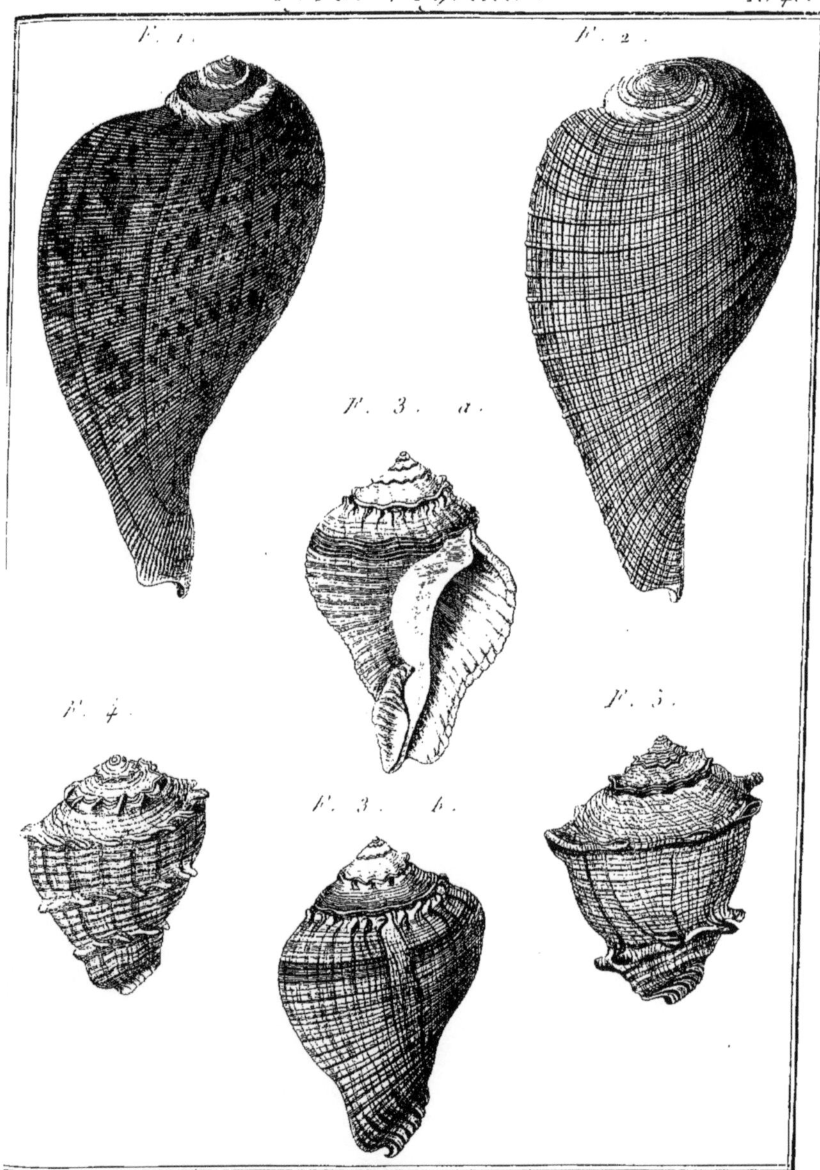

Hist. Nat; Coquilles Univalves.

Pyrule. *Pyrula*, &c. *Pl. 433.*

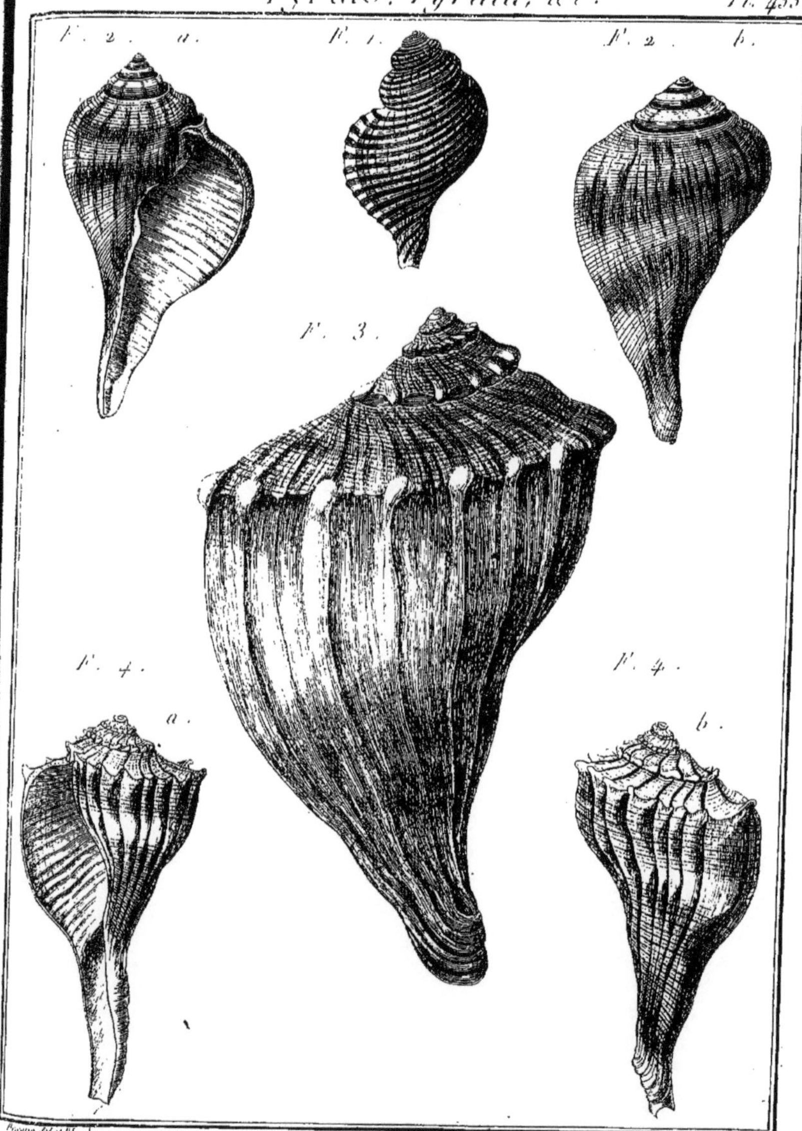

Hist. Nat; Coquilles Univalves.

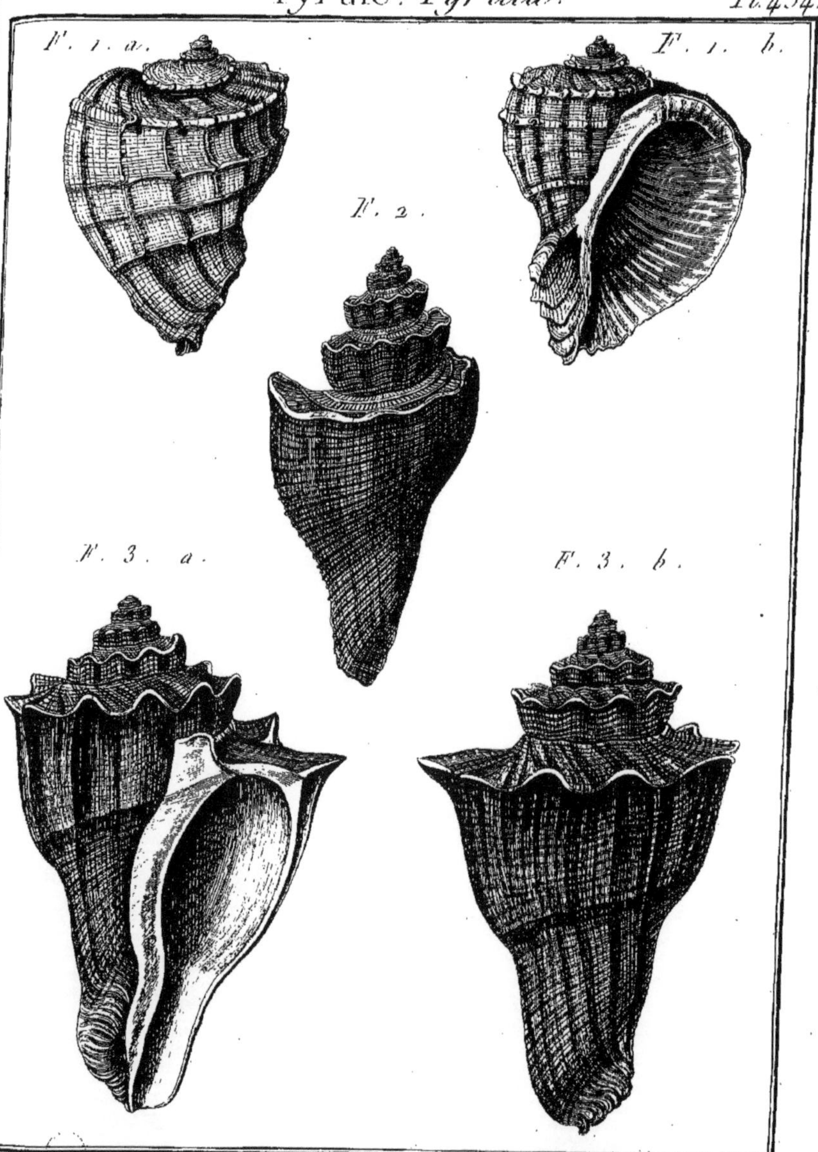
F. 1. a.
F. 1. b.
F. 2.
F. 3. a.
F. 3. b.

Pyrule. *Pyrula.* &c. Pl. 435.

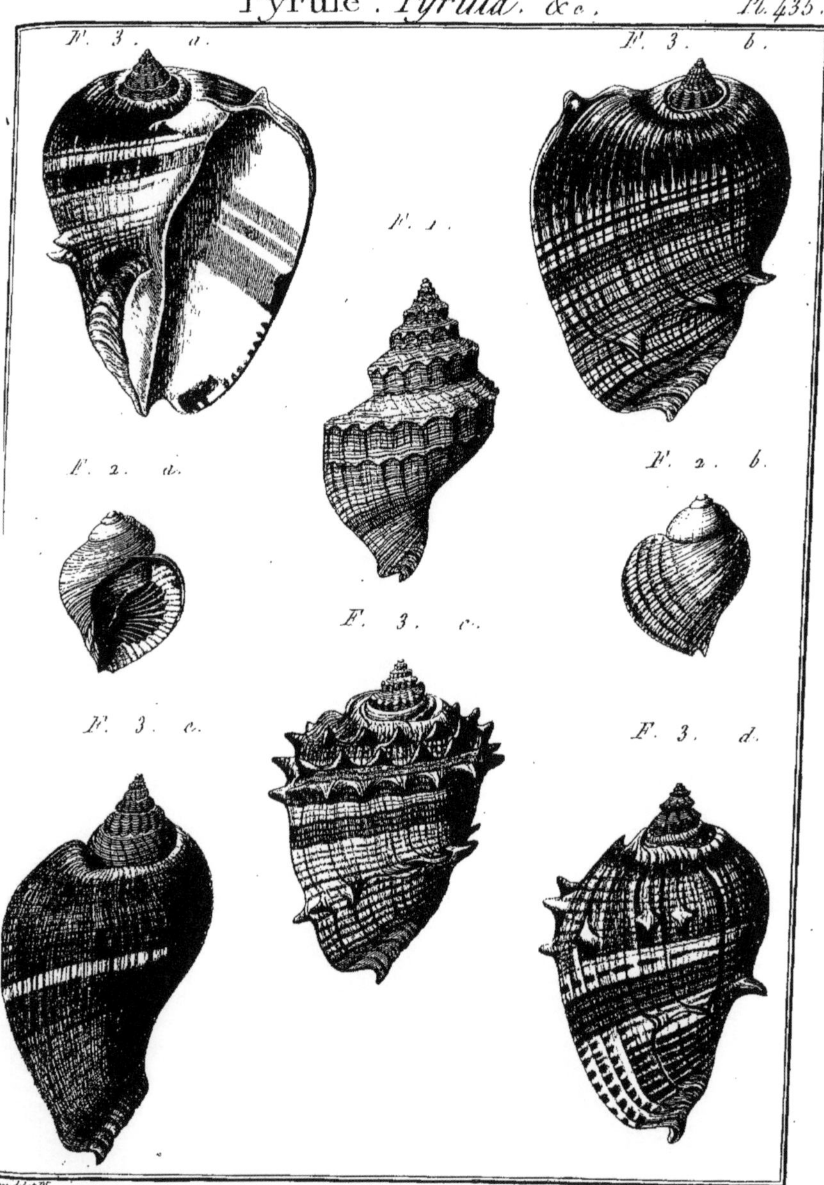

Hist. Nat.; Coquilles Univalves.

Pyrule. *Pyrula*. Pl. 436.

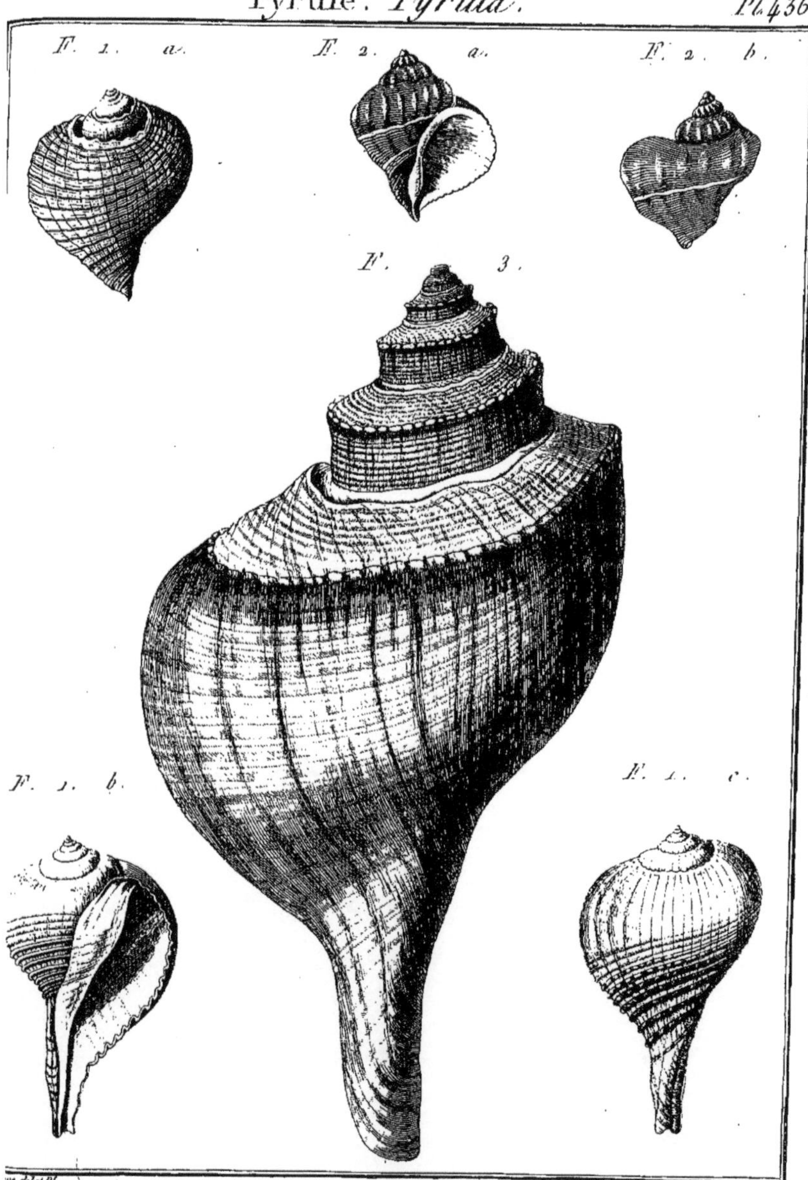

Pyrule, &c. *Pyrula*. &c. *Pl. 437.*

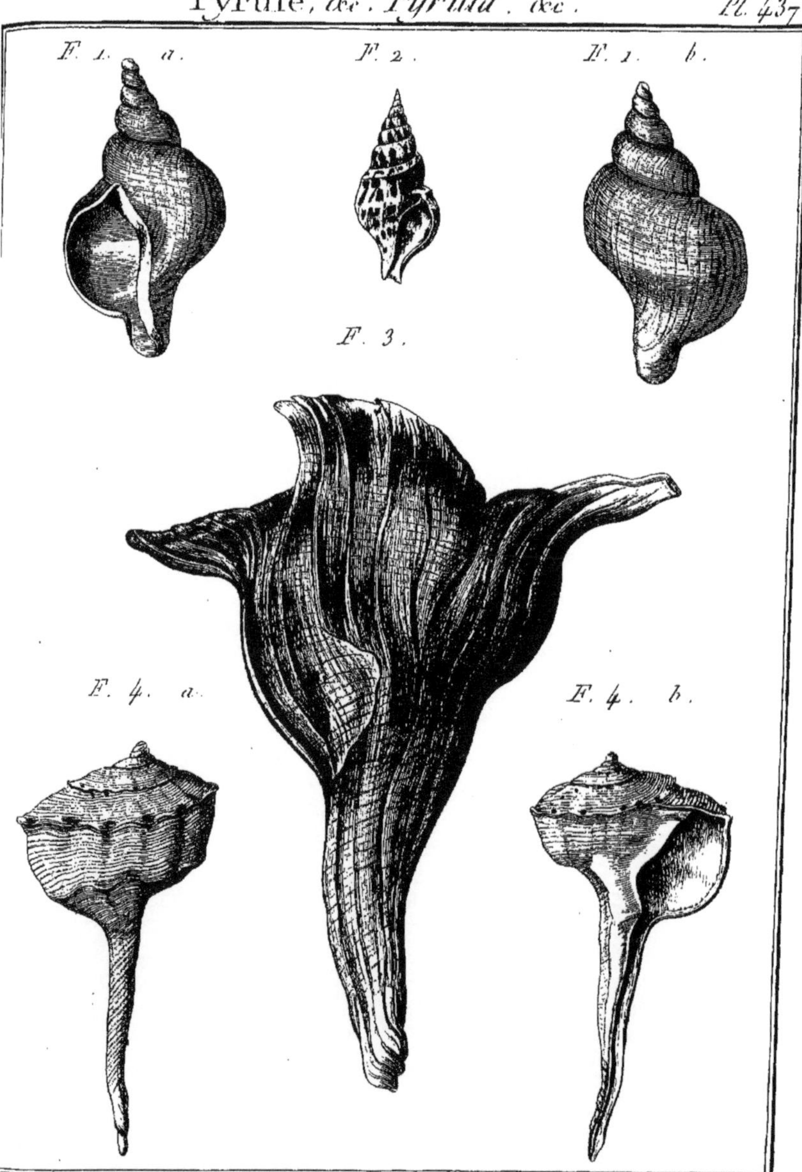

Hist. Nat; Coquilles Univalves.

Pasere del et D.

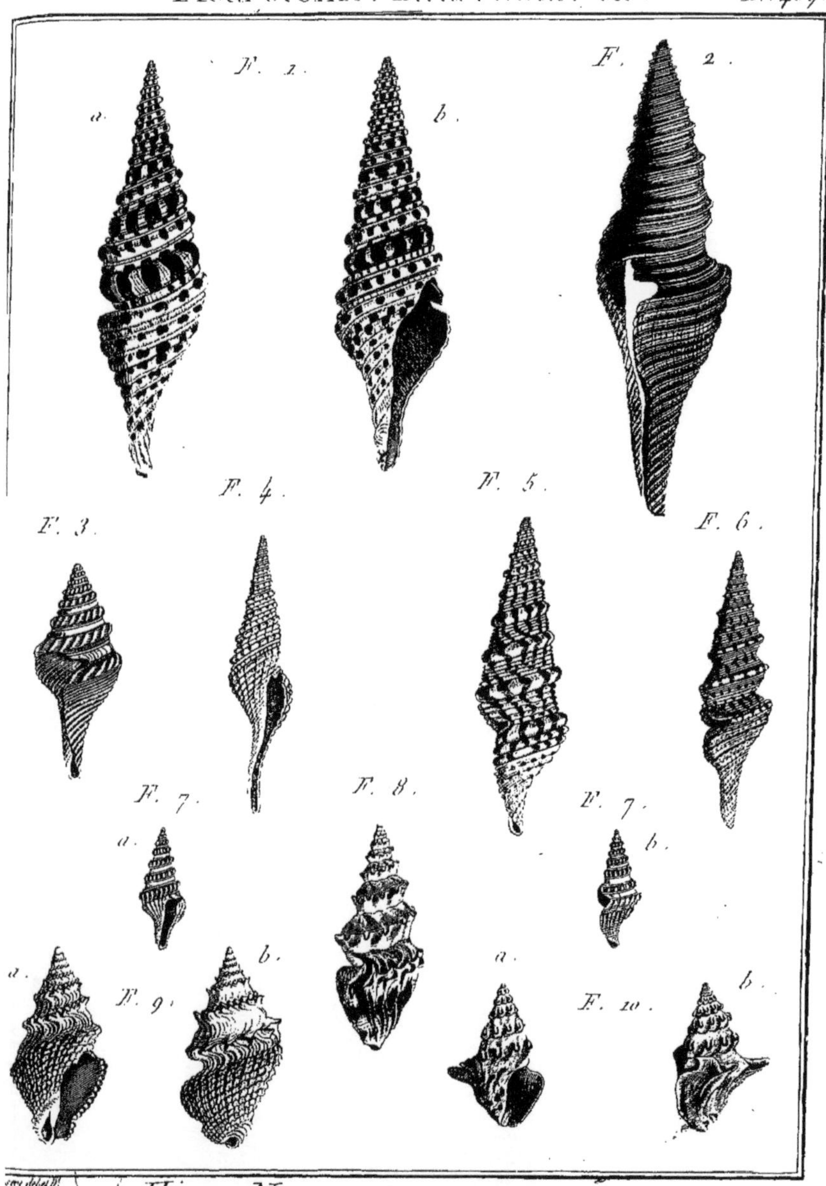
F. 1.
a.
b.
F. 2.
F. 3.
F. 4.
F. 5.
F. 6.
F. 7.
a.
F. 8.
F. 7.
b.
a.
F. 9.
b.
a.
F. 10.
b.

Pleurotome. *Pleurotoma.* &c. *Pl. 440.*

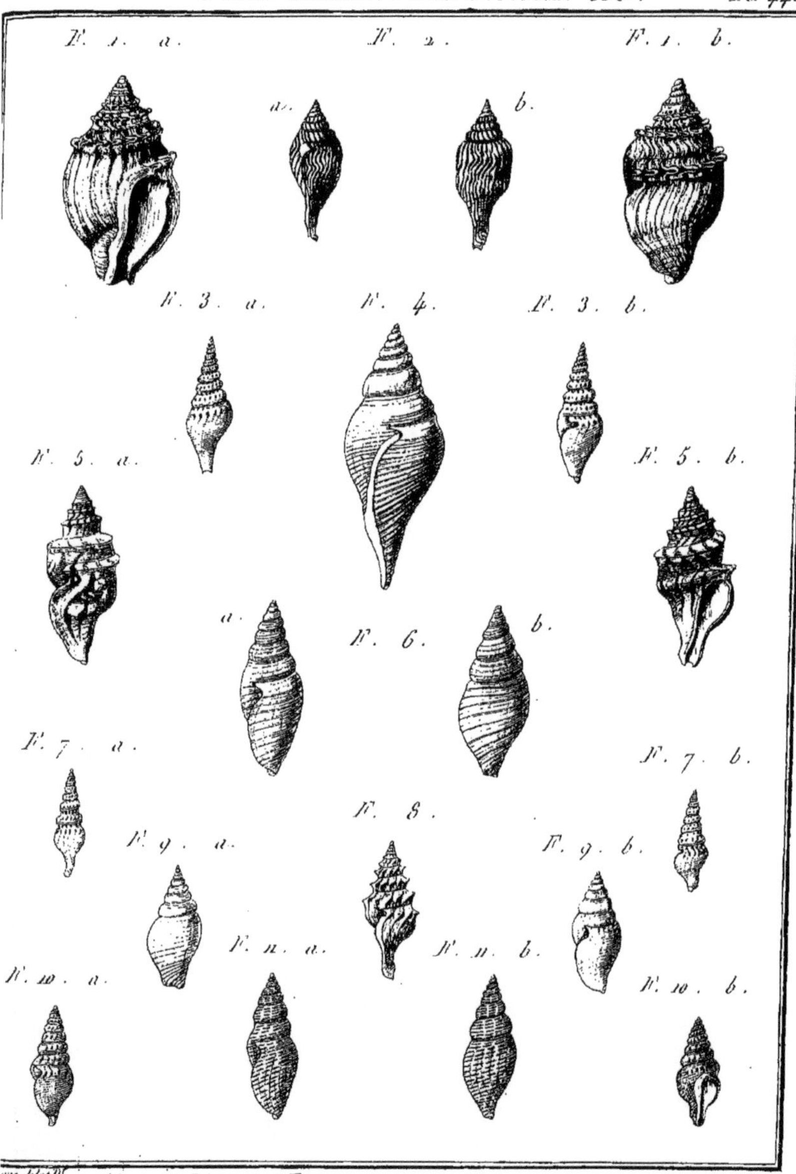

vor. del et D.

Hist. Nat; Coquilles Univalves.

Pleurotome, &c. *Pleurotoma*, &c. Pl. 441.

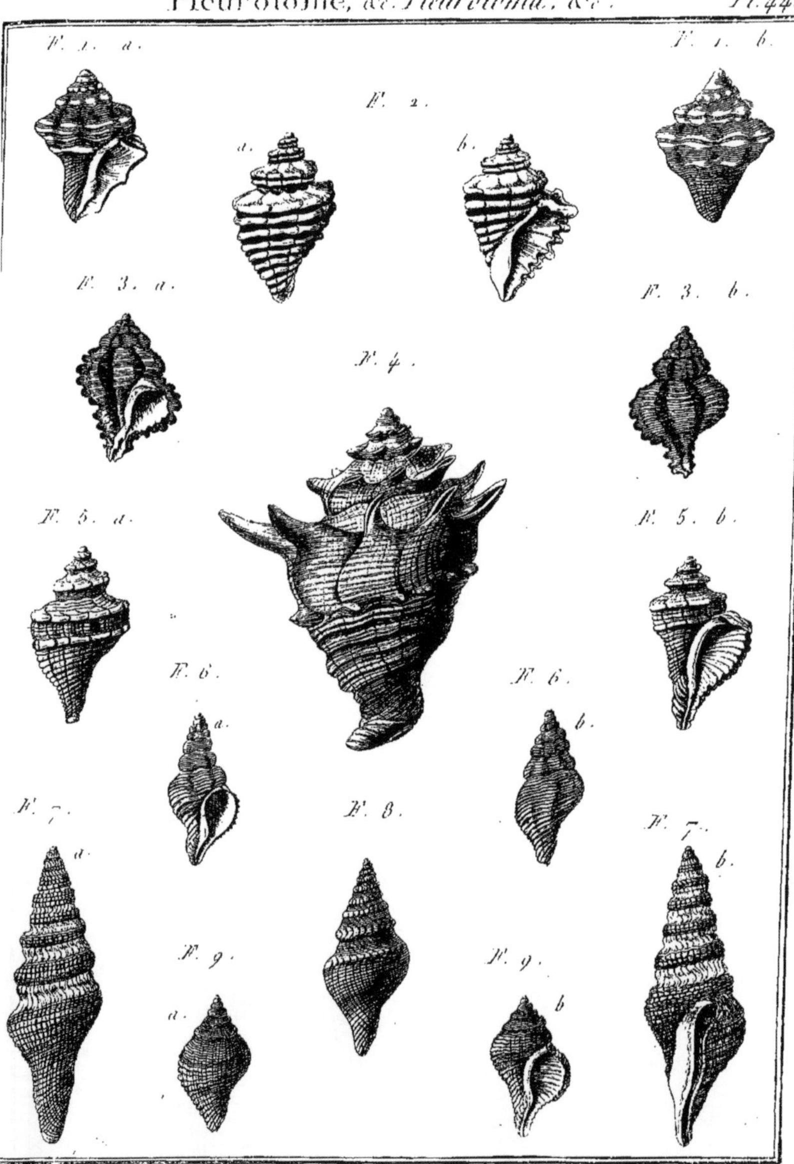

Hist. Nat; Coquilles Univalves.

Cérite. *Cerithium.* Pl. 442.

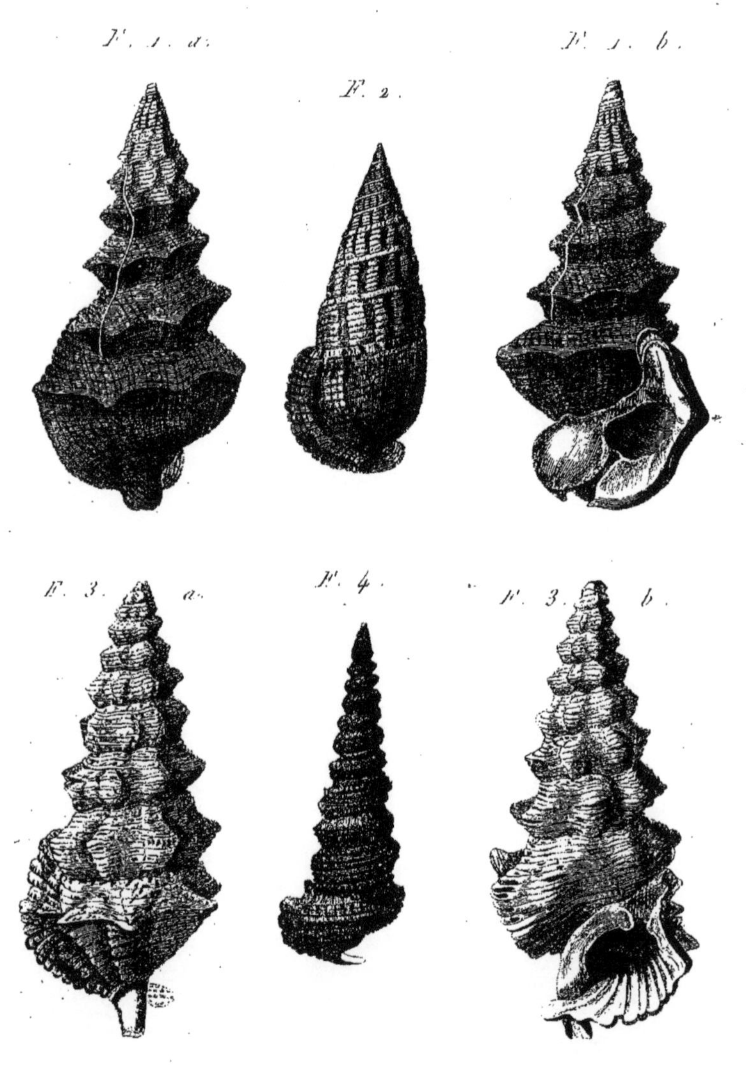

Desève del.

Hist. Nat; Coquilles Univalves.

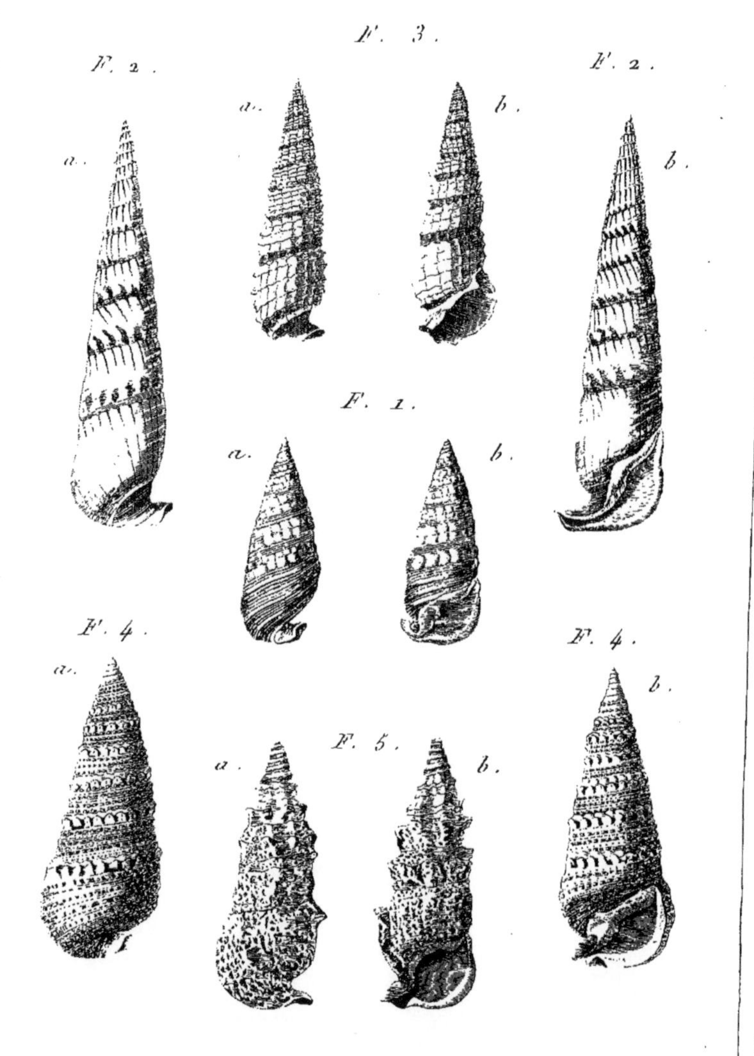

Hist. Nat. Coquilles Univalves.

F. 1. a.

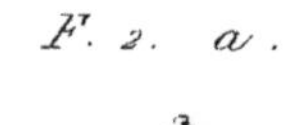

F. 2. a.

F. 2. b.

F. 1. b.

Deseve del.

Troque. *Trochus*. Pl. 445.

Hist. Nat; Coquilles Univalves.

Cadran. *Solarium*. Pl. 446.

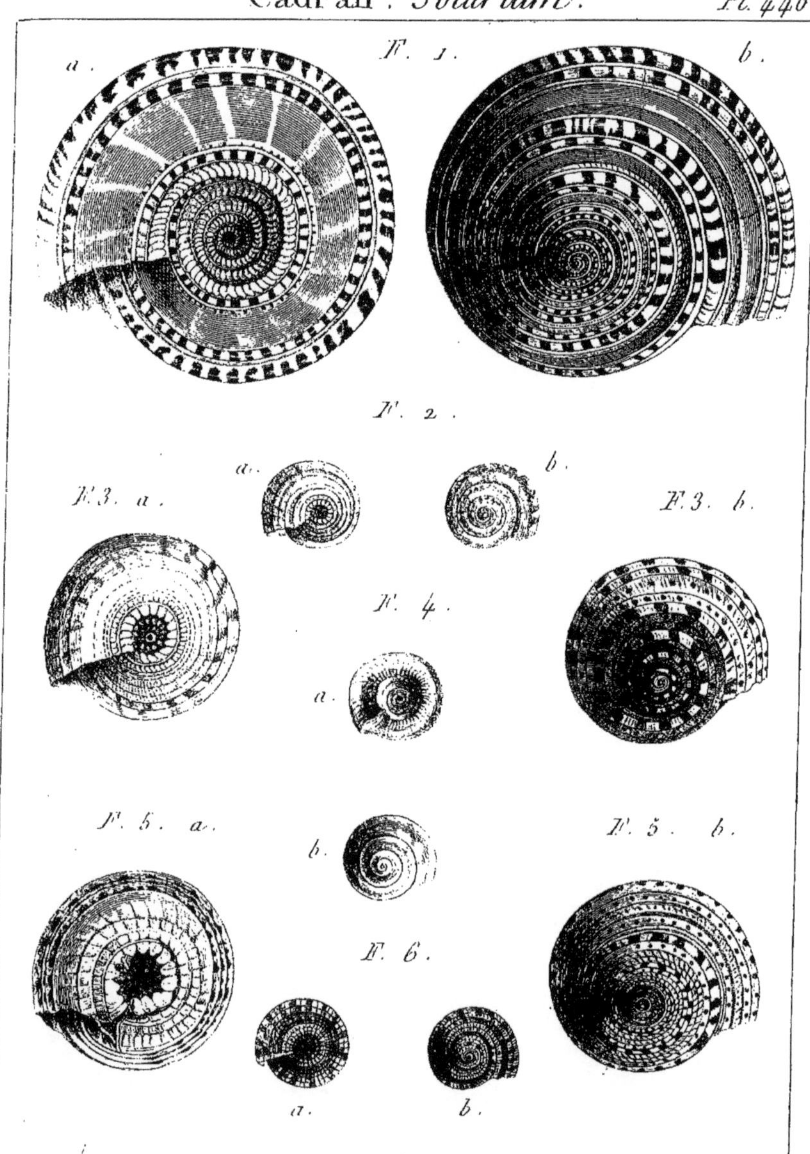

Hist. Nat.; Coquilles Univalves.

Monodonte. *Monodonta.* Pl. 447.

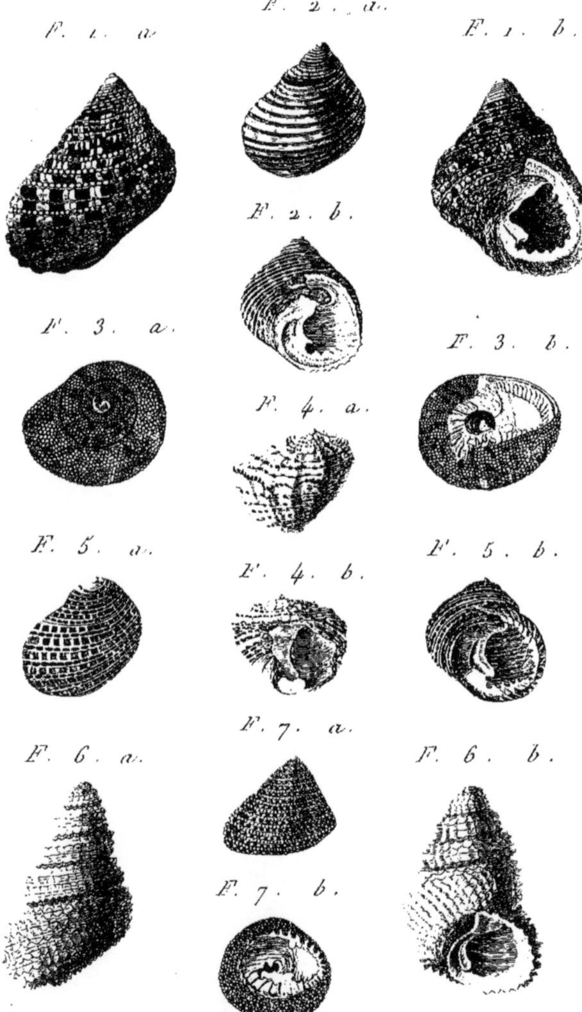

Hist. Nat; Coquilles Univalves.

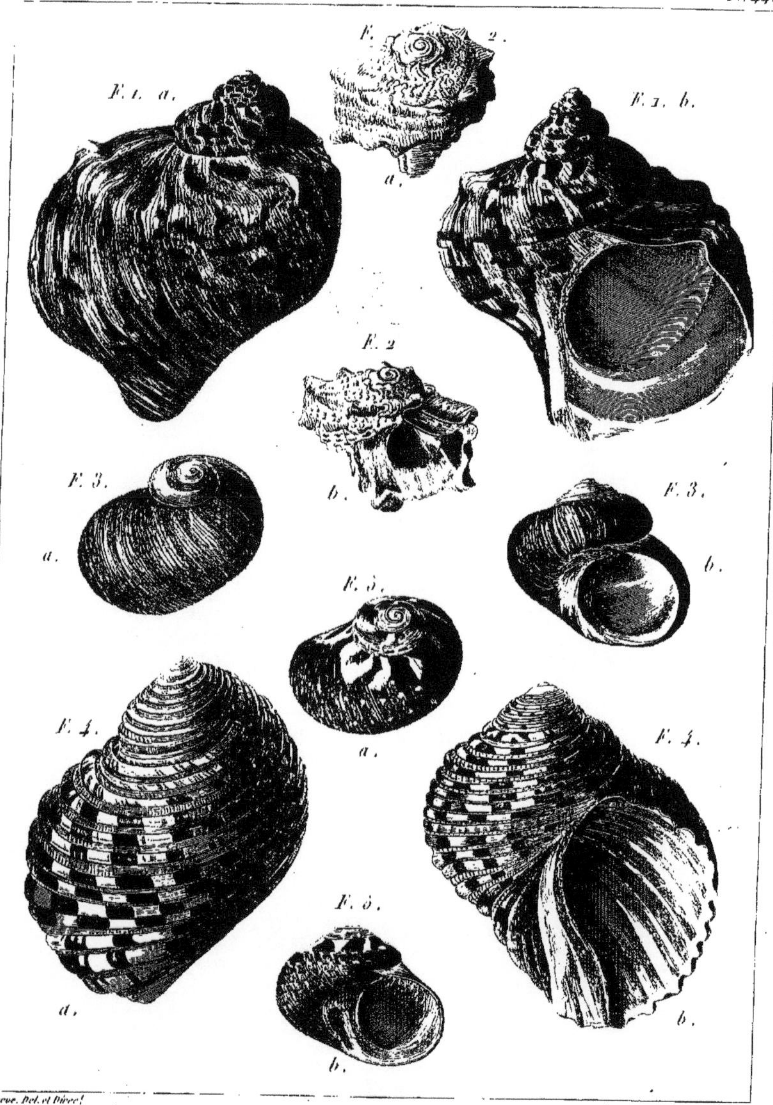

Deseve. Del. et Direx!

Hist. Nat. Coquilles Univalves.

Phasianelle. *Phasianella*. Pl. 449.

Turritelle. *Turritella*.

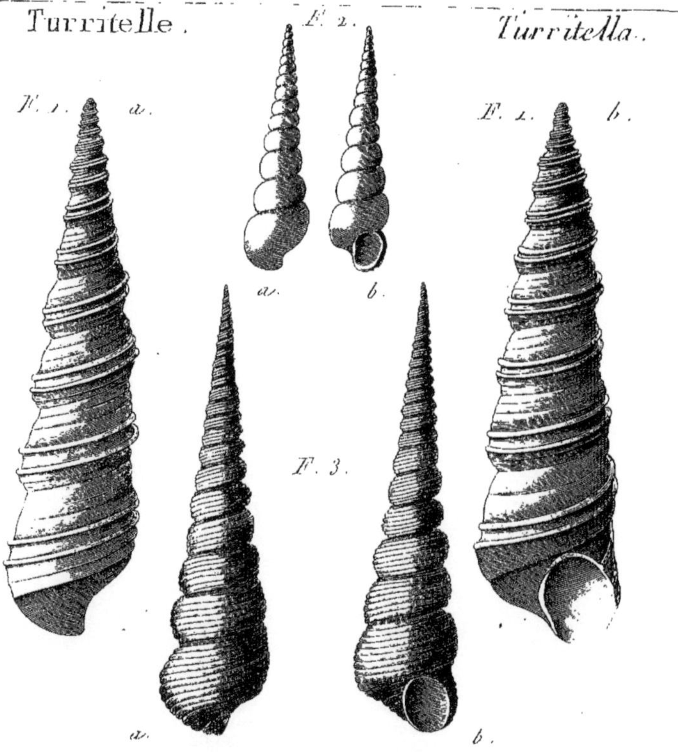

Desève Del et Sc.

Hist. Nat; Coquilles Univalves.

Stomate. Stomatelle. *Stomatia. Stomatella.* Pl. 450.

F. 1. a.

F. 2. a.

F. 2. b.

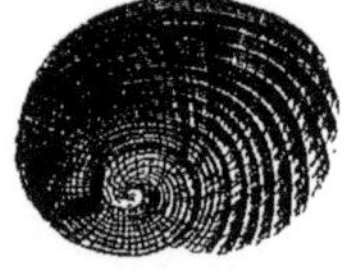

F. 1. b.

F. 3. a.

F. 3. b.

F. 4. a.

F. 5. a.

F. 5. b.

F. 4. b.

Deseve del.

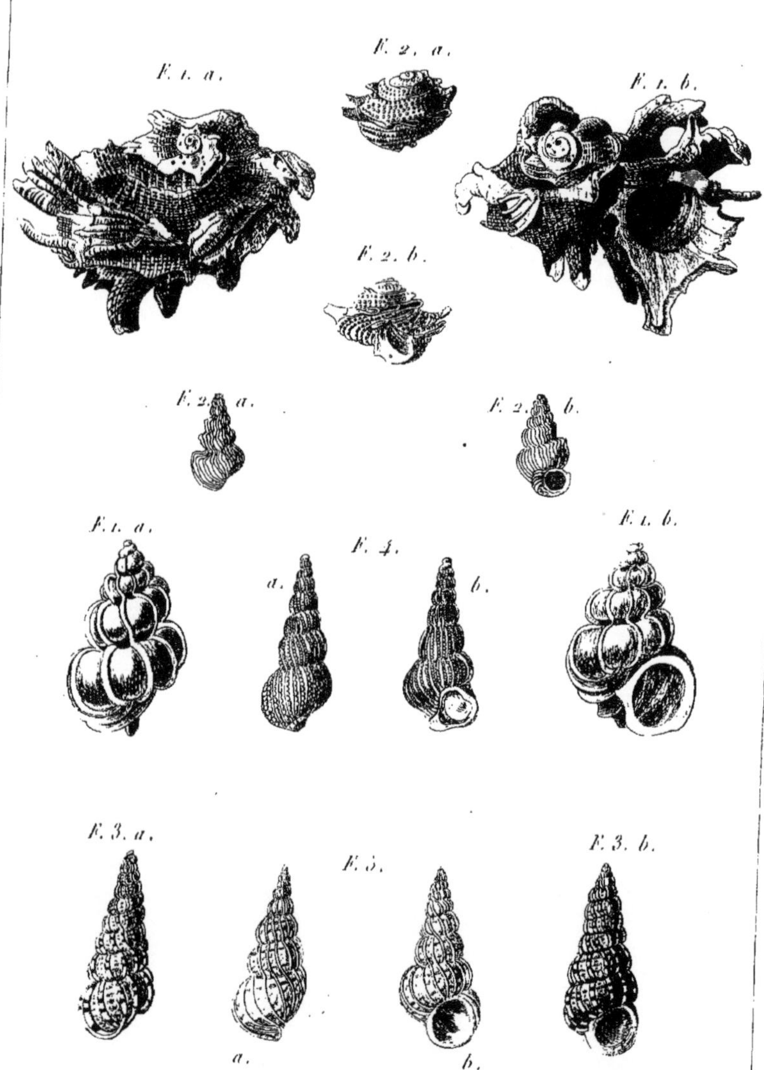
F. 1. a.
F. 2. a.
F. 1. b.
F. 2. b.
F. 2. a.
F. 2. b.
F. 1. a.
F. 4.
a.
b.
F. 1. b.
F. 3. a.
F. 5.
F. 3. b.
a.
b.

Tornatelle. *Tornatella.*

Pyramidelle *Pyramidella.*

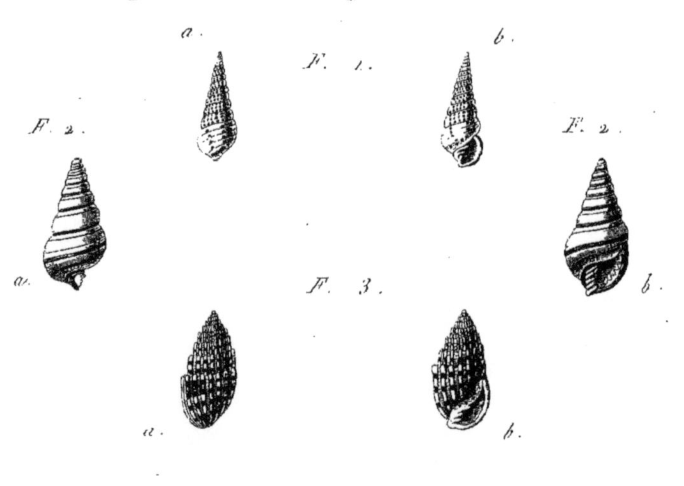

Desève del. et D.

Hist. Nat.; Coquilles Univalves.

Natice. *Natica*. Pl. 453.

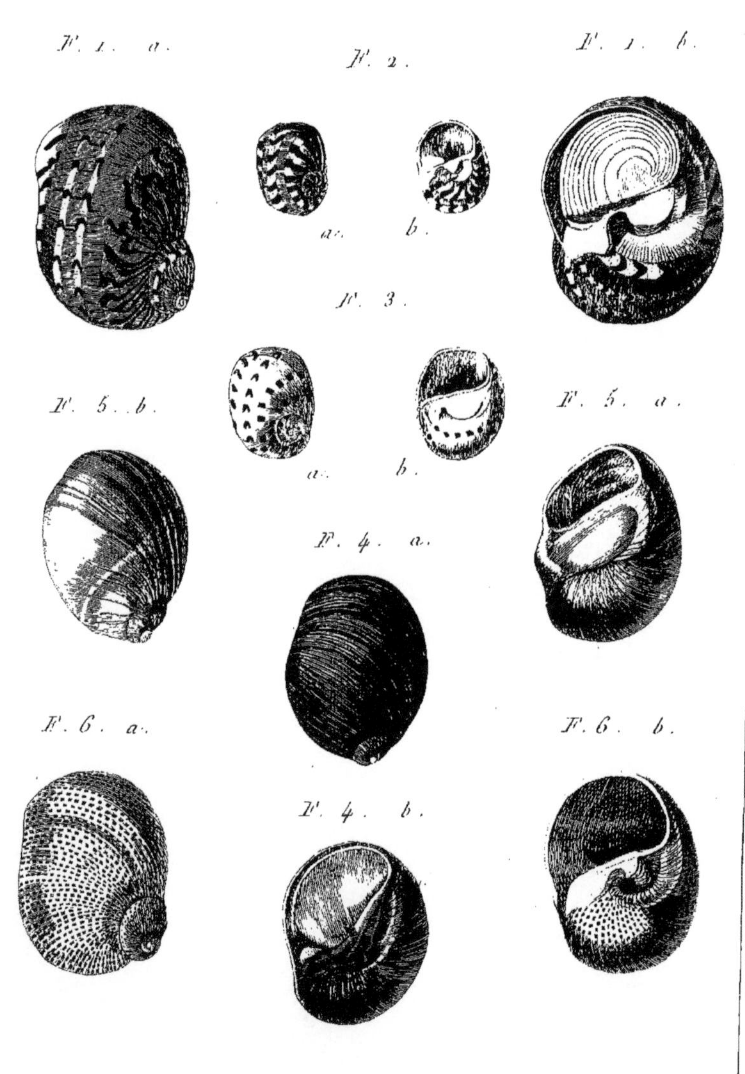

Desève del et D.

Hist. Nat; Coquilles Univalves.

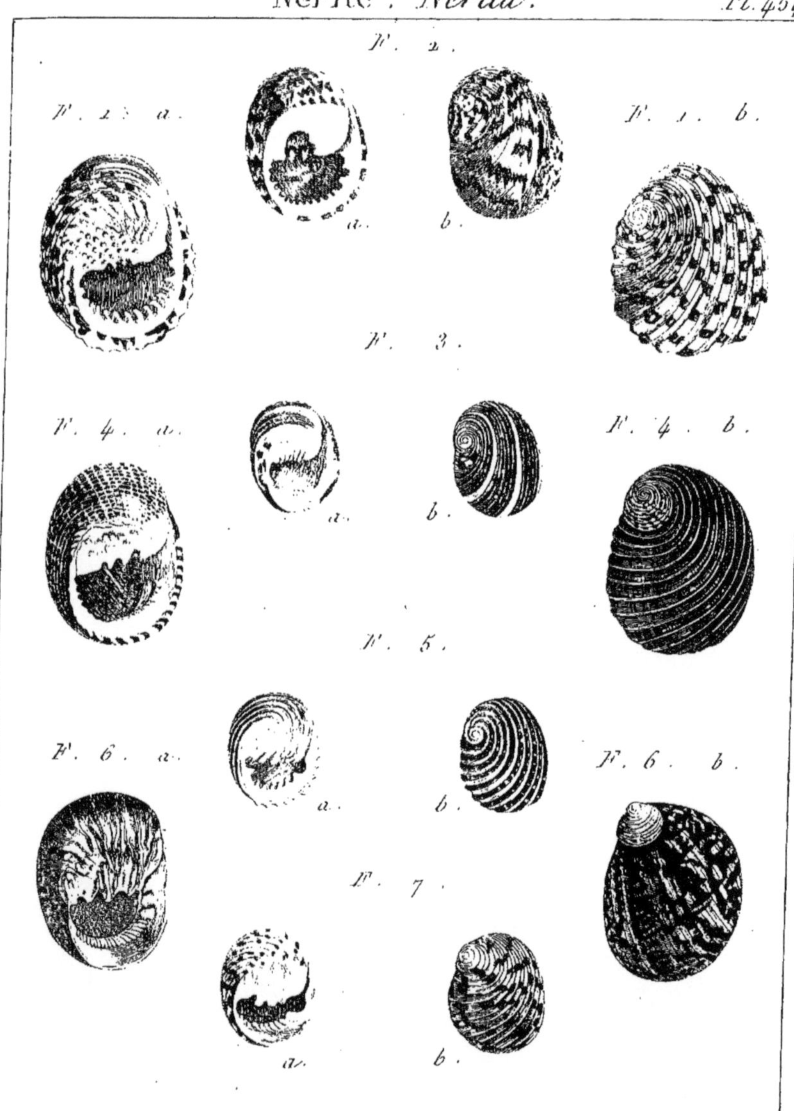

Desève del et D.

Hist. Nat.; Coquilles Univalves.

Néritine. *Neritina*.

F. 1. a.

F. 1. b.

F. 2. a.

F. 2. b.

F. 3. a.

F. 3. b.

F. 4.

a.

b

F. 5. a.

F. 5. b.

F. 6.

a.

b

Prevost del et sc.

Hist. Nat.; Coquilles Univalves.

Janthine. *Janthina.*

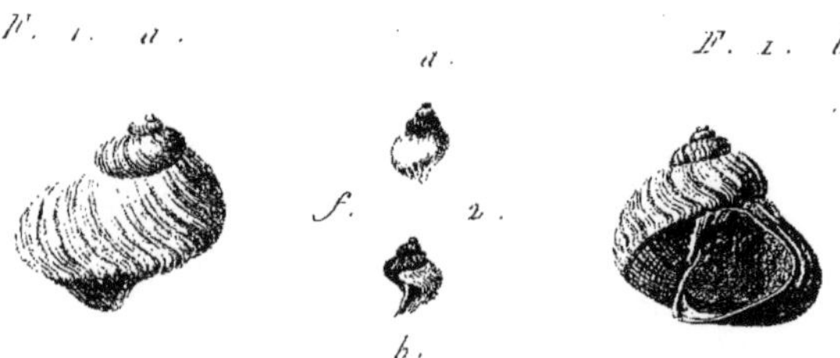

Navicelle. *Navicella.*

Desève del et D.

Hist. Nat; Coquilles Univalves.

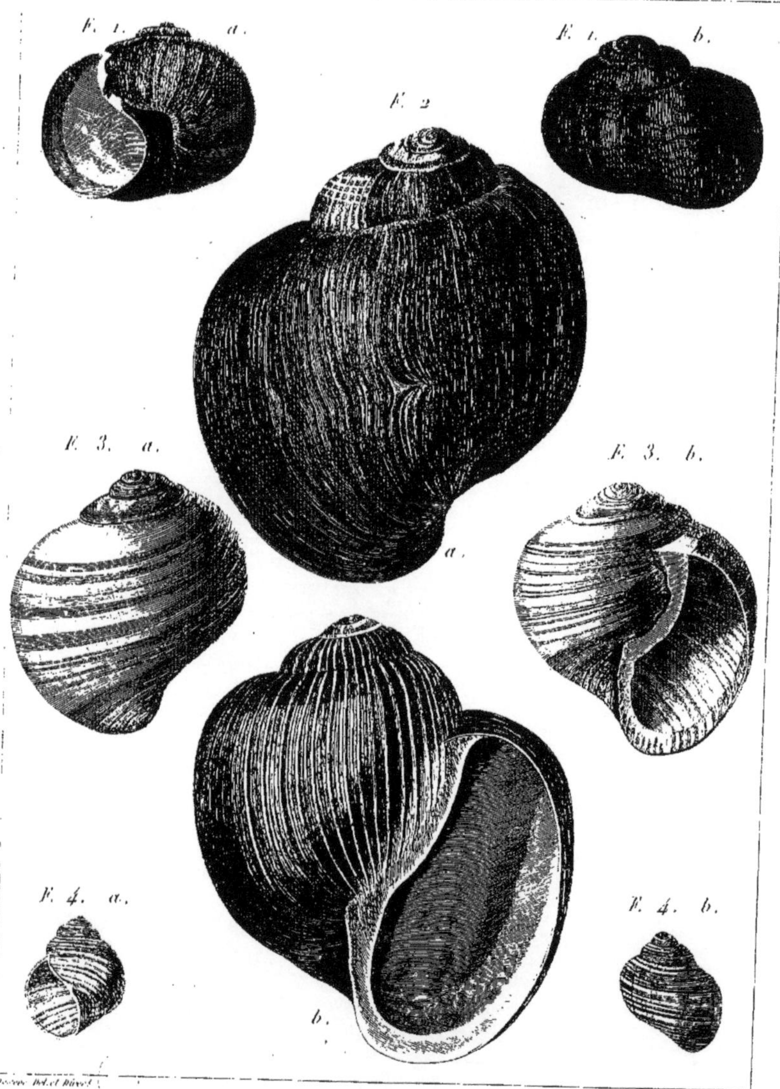
F. 1. a.
F. 1. b.
F. 2
a.
b.
F. 3. a.
F. 3. b.
F. 4. a.
F. 4. b.

Paludine. Mélanie *Paludina. Melania.* Pl. 458.

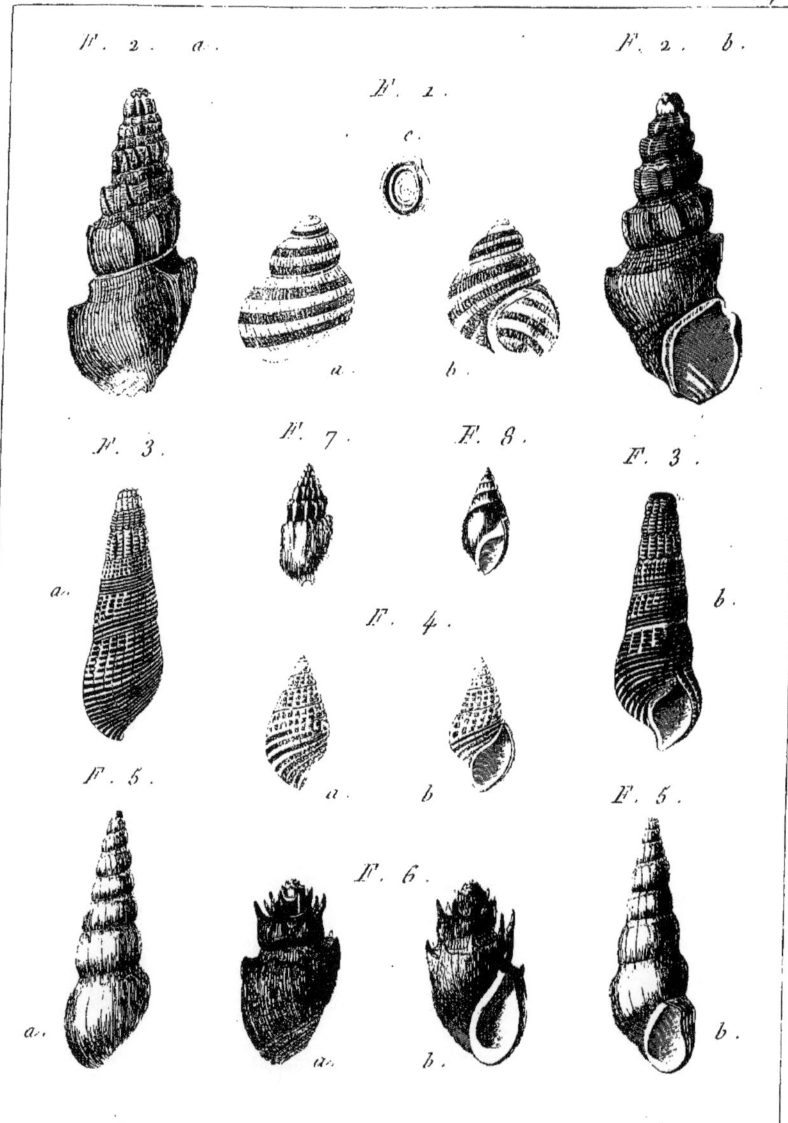

Deseve del. Plée Sc.

Hist. Nat; Coquilles Univalves.

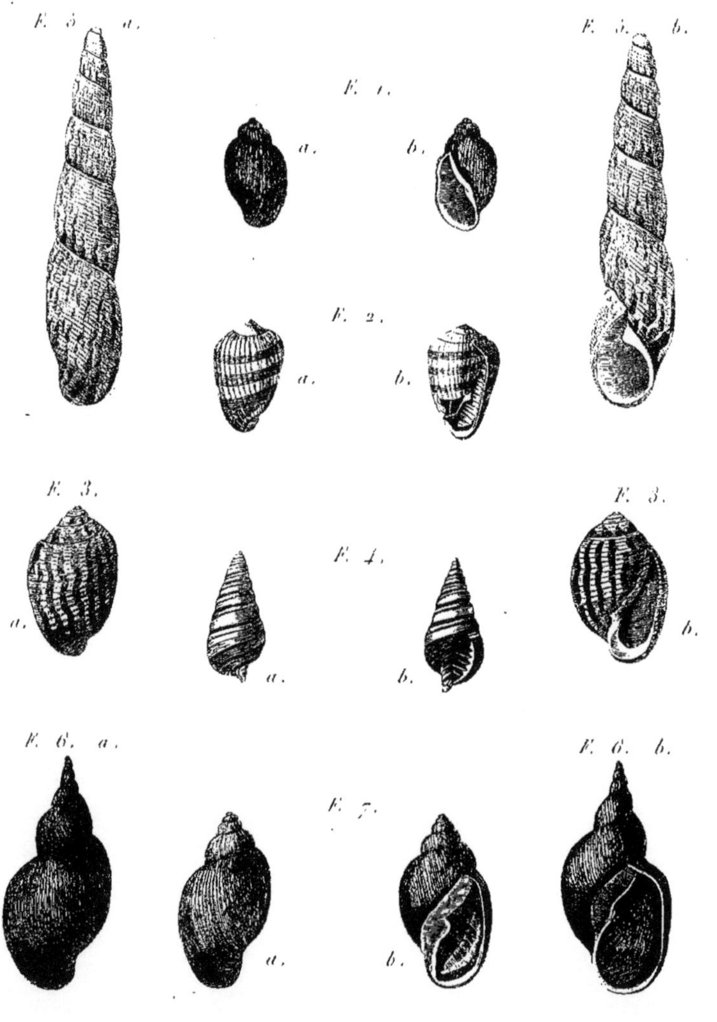

Hist. Nat. Coquilles Univalves.

Planorbe. Auricule. *Planorbis Auricula.* Pl. 460.

F. a. F. 2. F. 1. b.

a. b.

a. F. 3. b.

F. 5. b. F. 4. a. F. 5. a.

F. 6. a. F. 6. b.

F. 4. b.

Deseve del et D.^t Plée Sc.

Hist. Nat; Coquilles Univalves.

44

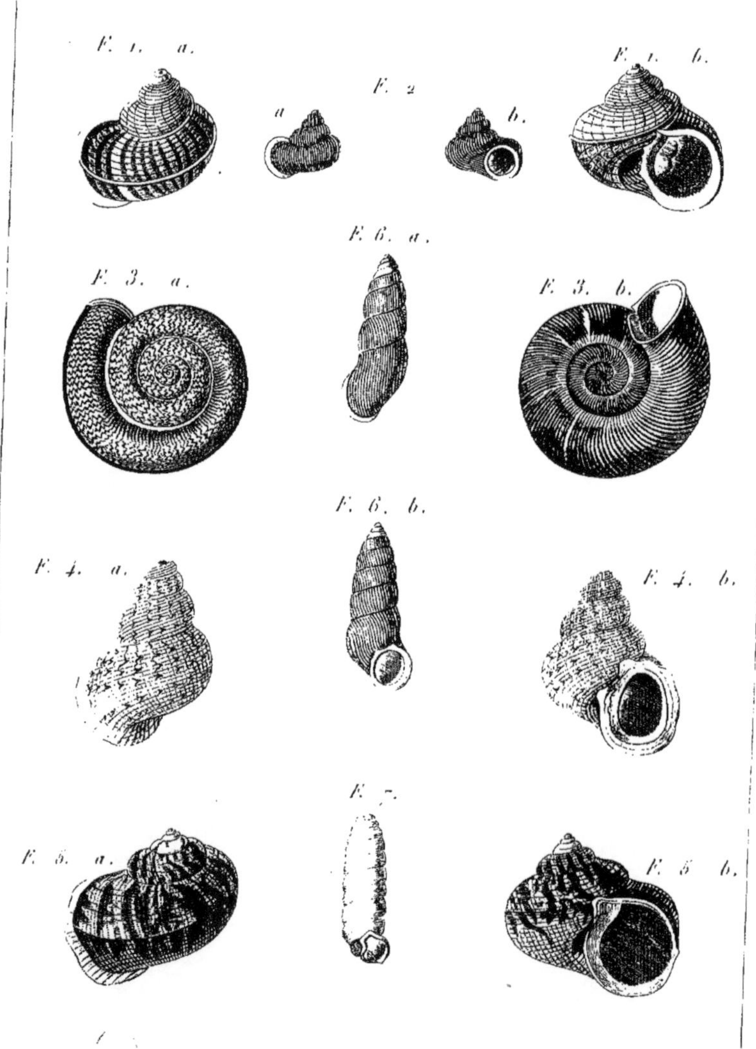

Deseve. Del.t et Direc.t

Hist. Nat. Coquilles Univalves.

Hélice &c. *Helix &c.* Pl. 462

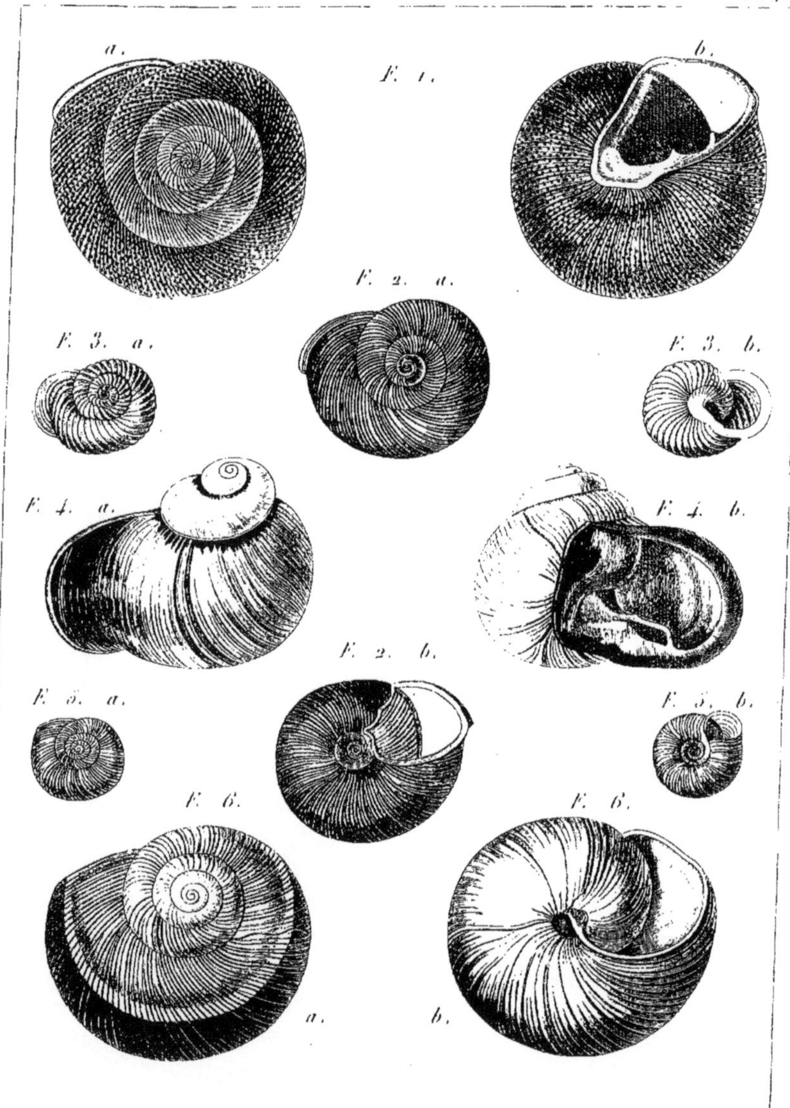

Desève Del.t et Direx.t

Hist. Nat. Coquilles Univalves.

Limace, *Parmacelle, Testacelle, Dolabelle.* *Pl. 463.*

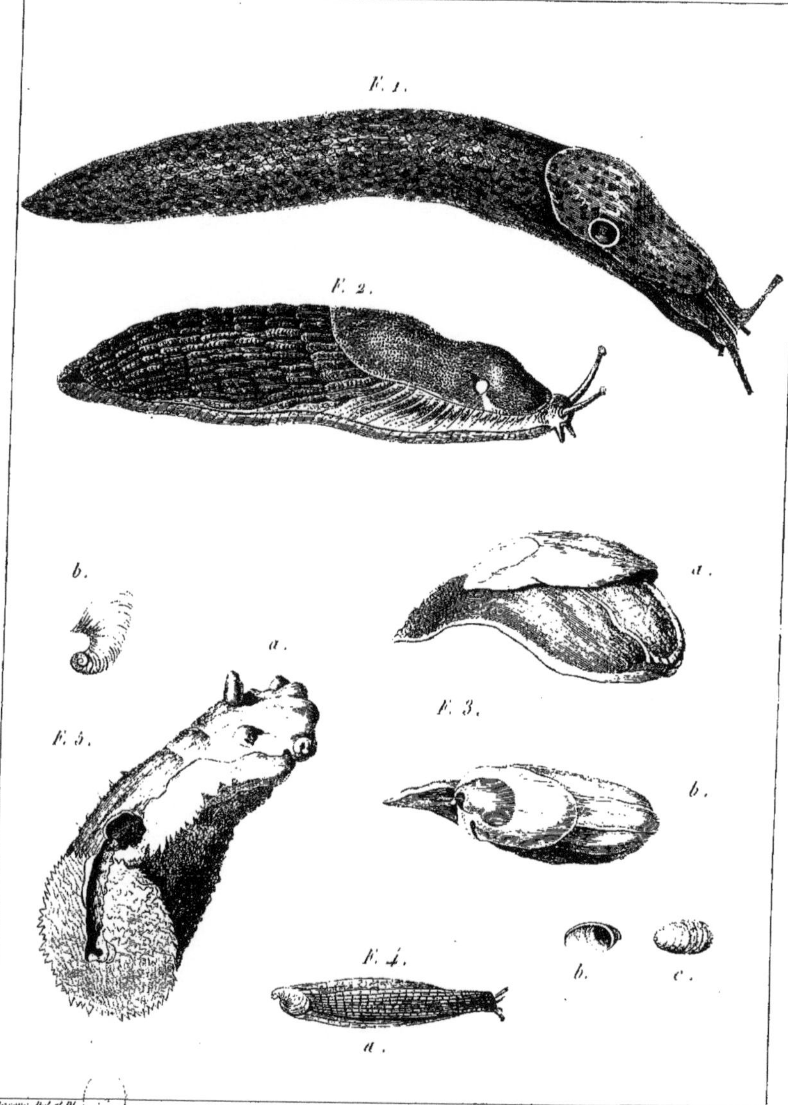

Desève Del. et D.

Hist. Nat. Mollusques Gastéropodes.

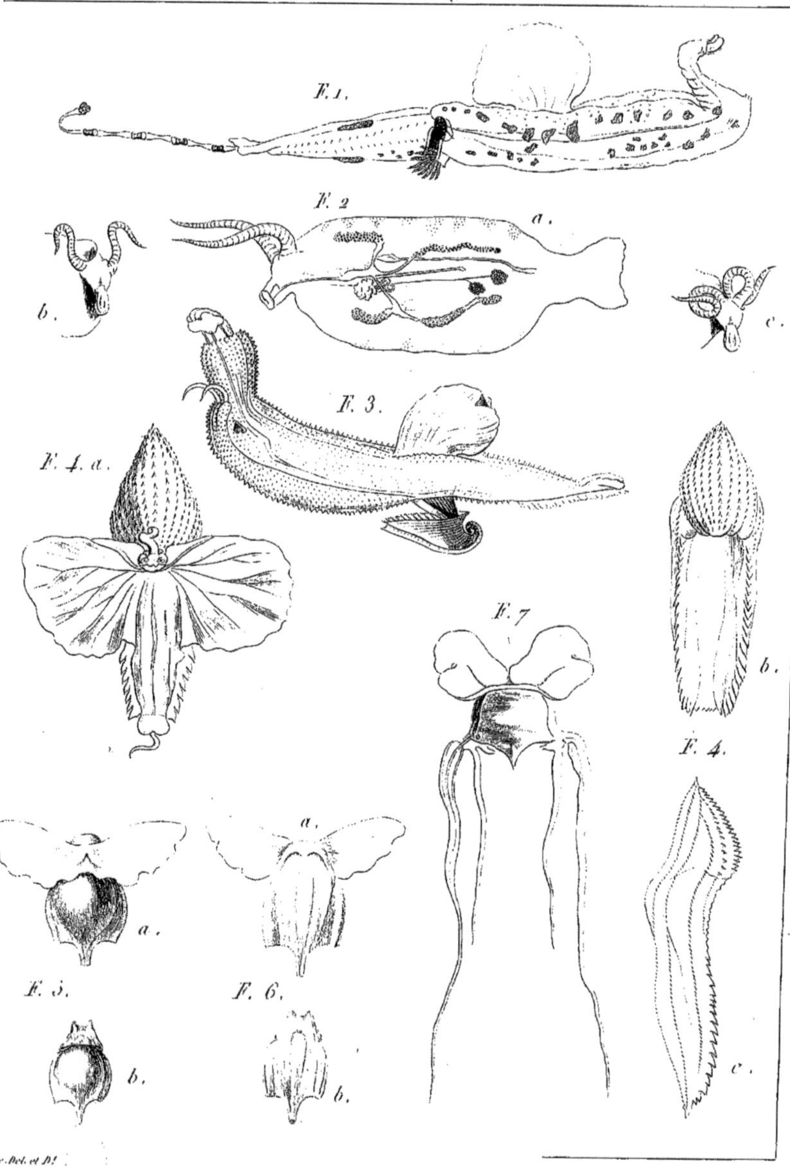

Vve Del. et D.

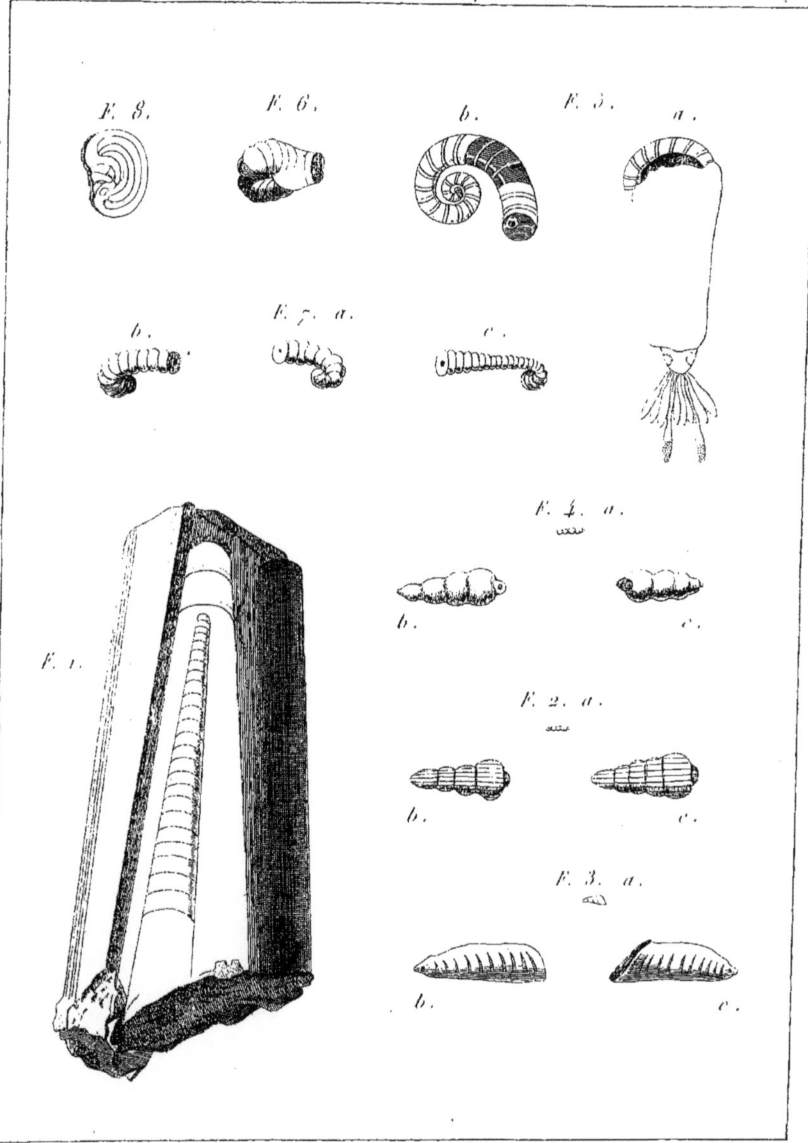

Hist. Nat. Coquilles Multiloculaires.

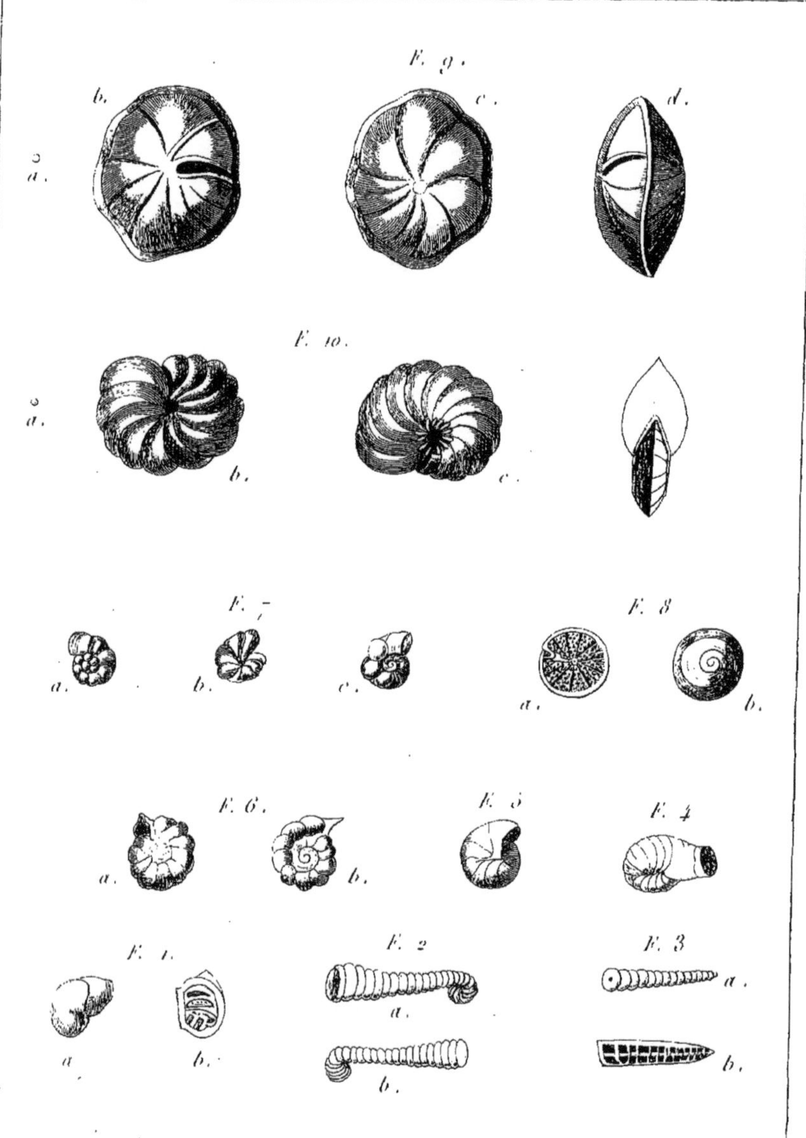

Pesrve Del.t et Direx.t

Hist. Nat. Coquilles Multiloculaires.

Cristellaire. *Cristellaria.*

Desève Del. et Direx.

Hist. Nat. Coquilles Multiloculaires.

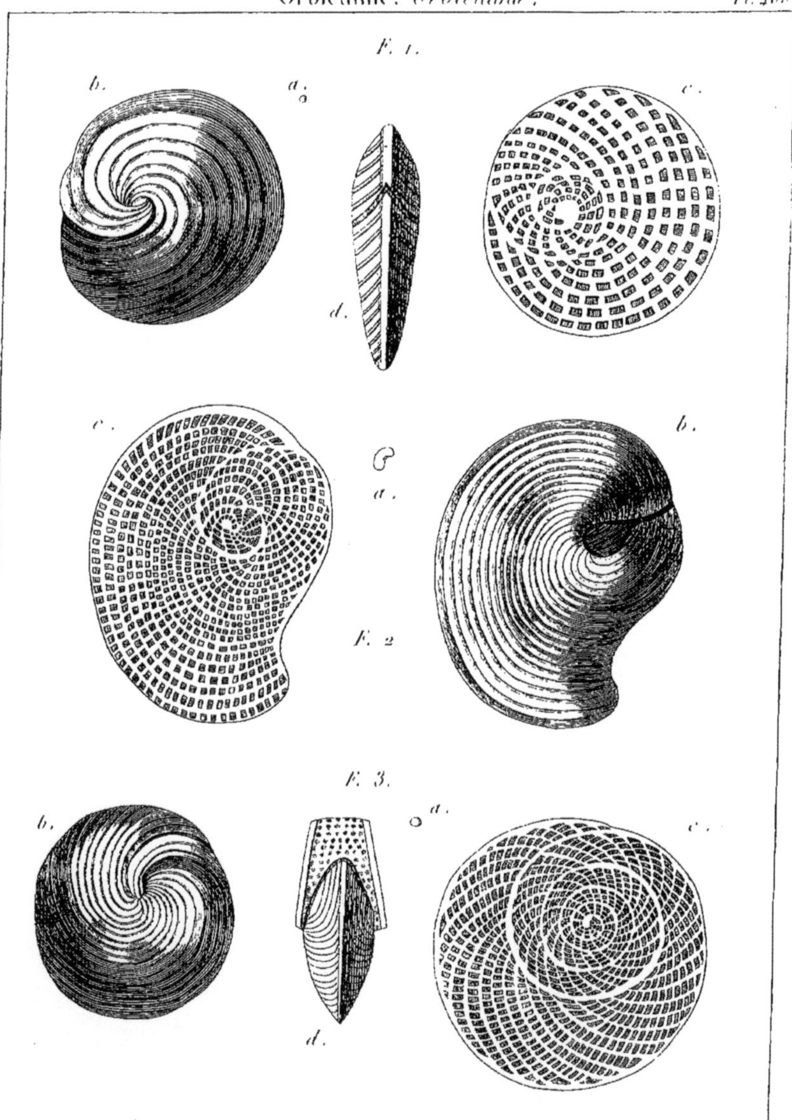

Hist. Nat. Coquilles Multiloculaires.

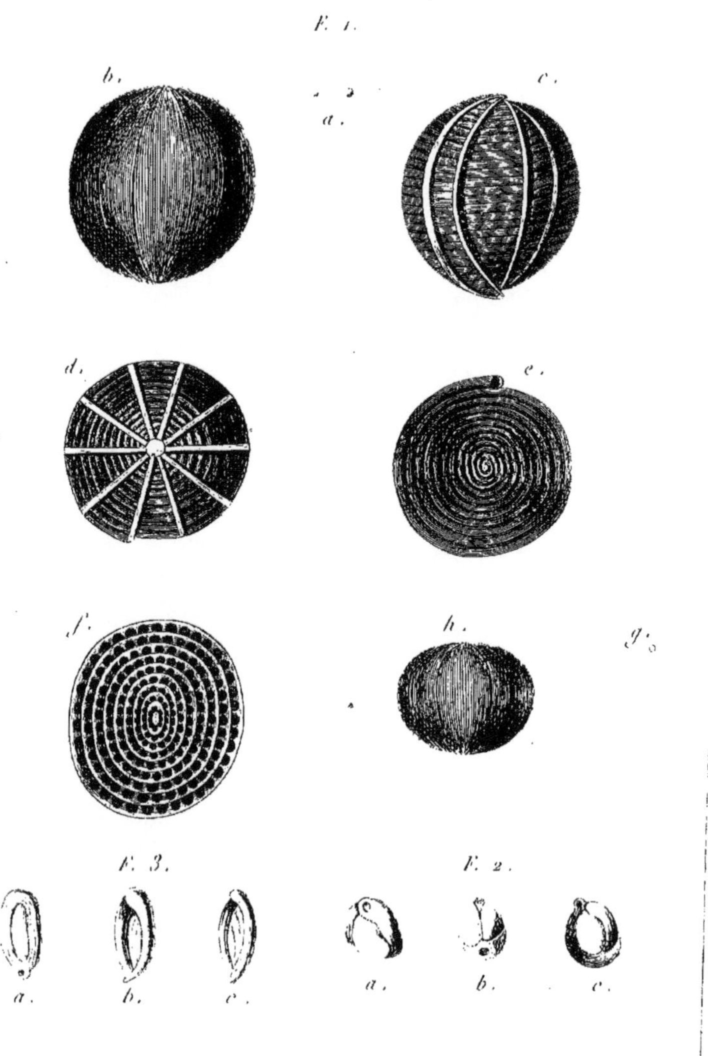

Desève Del. et Direx.

Hist. Nat. Coquilles Multiloculaires.

Vorticiale et Sidérolite. Pl. 470.

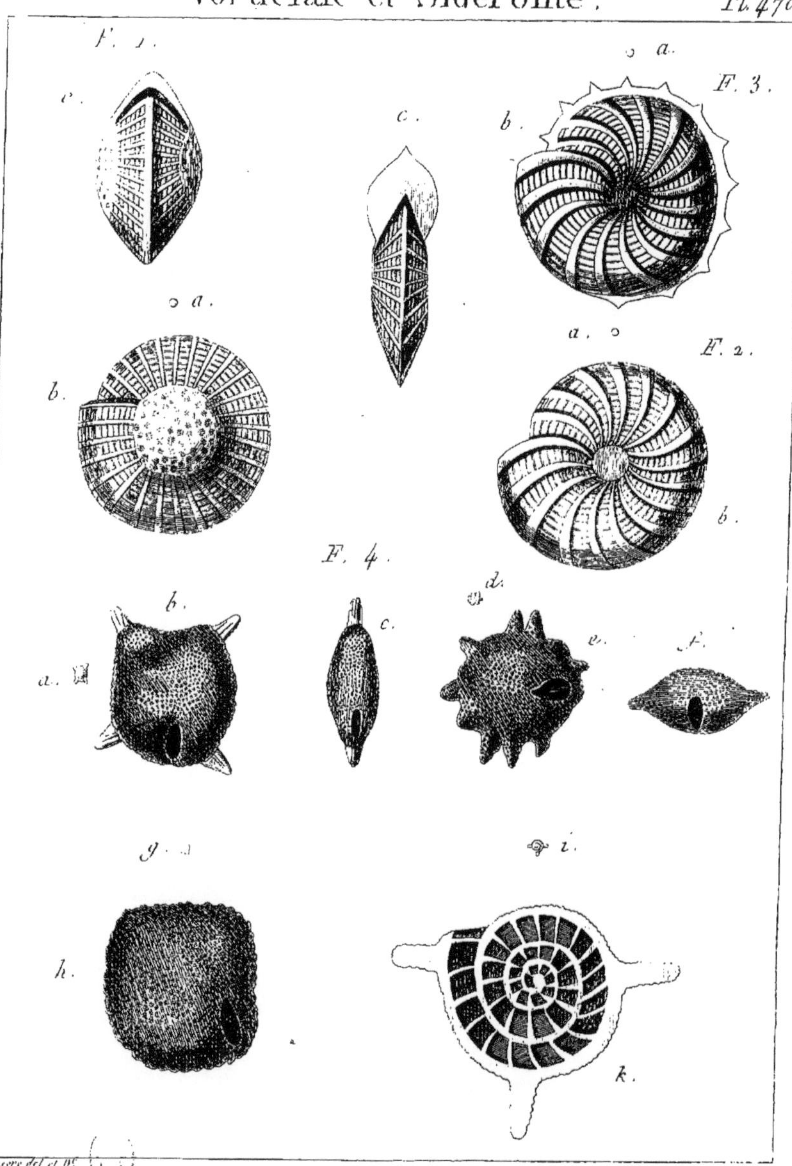

F. 3. a.

F. 2. b.

F. 2. a.

F. 3. b.

F. 1. b.

F. 1. a.

…ve del et D[x]. Plée Sc.

Hist. Nat; Coquilles Multiloculaires.

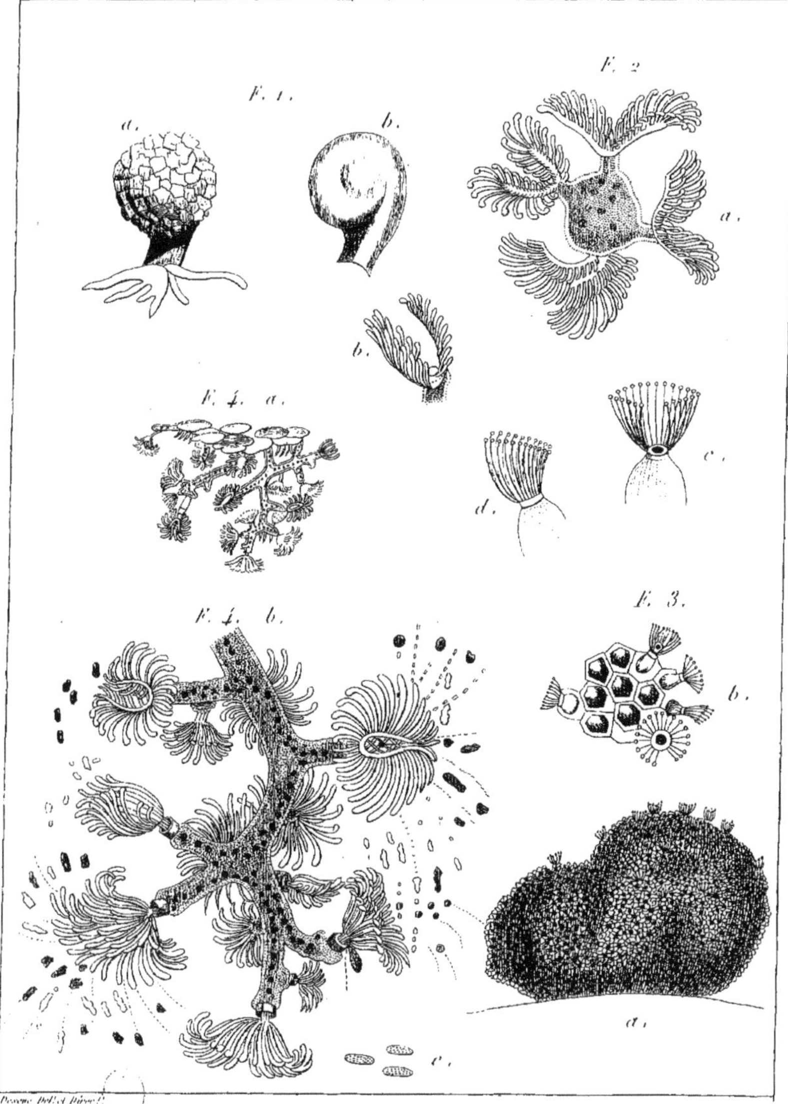

Pesseau Del. et Direx.

Hist. Nat. Polypiers Fluviatiles.

Tubulaire, cornulaire, Campanulaire. Pl. 473.

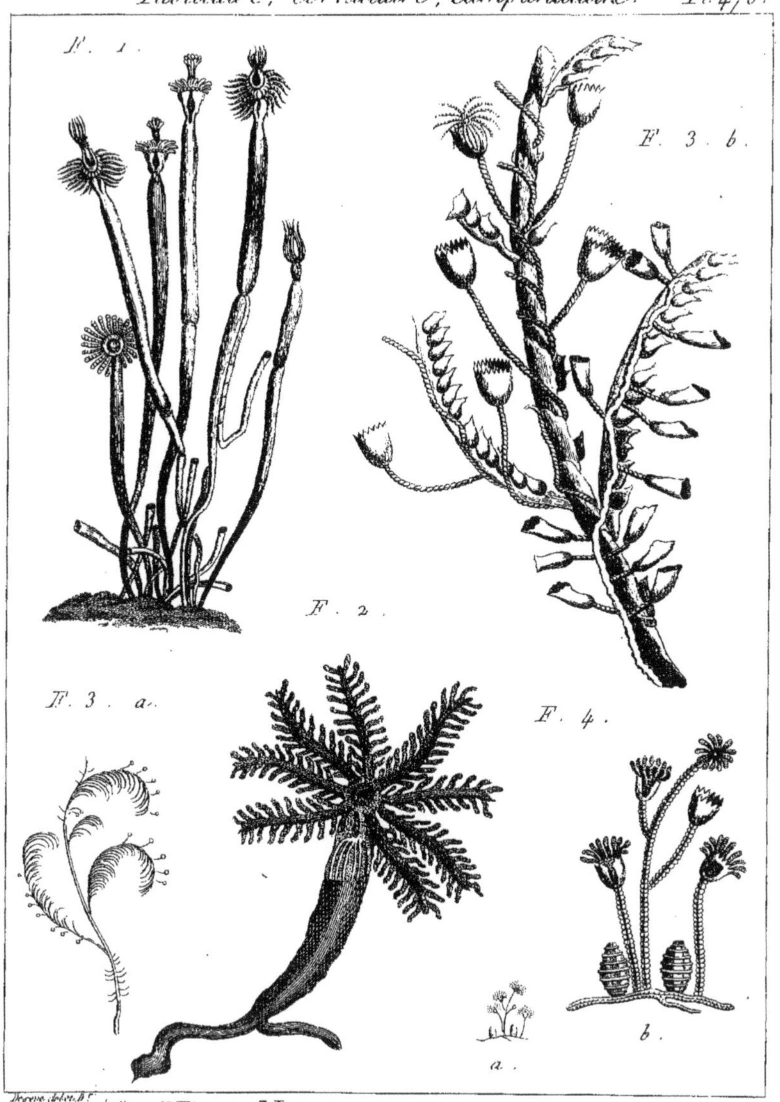

Hist. Nat; Polypiers Vaginiformes.

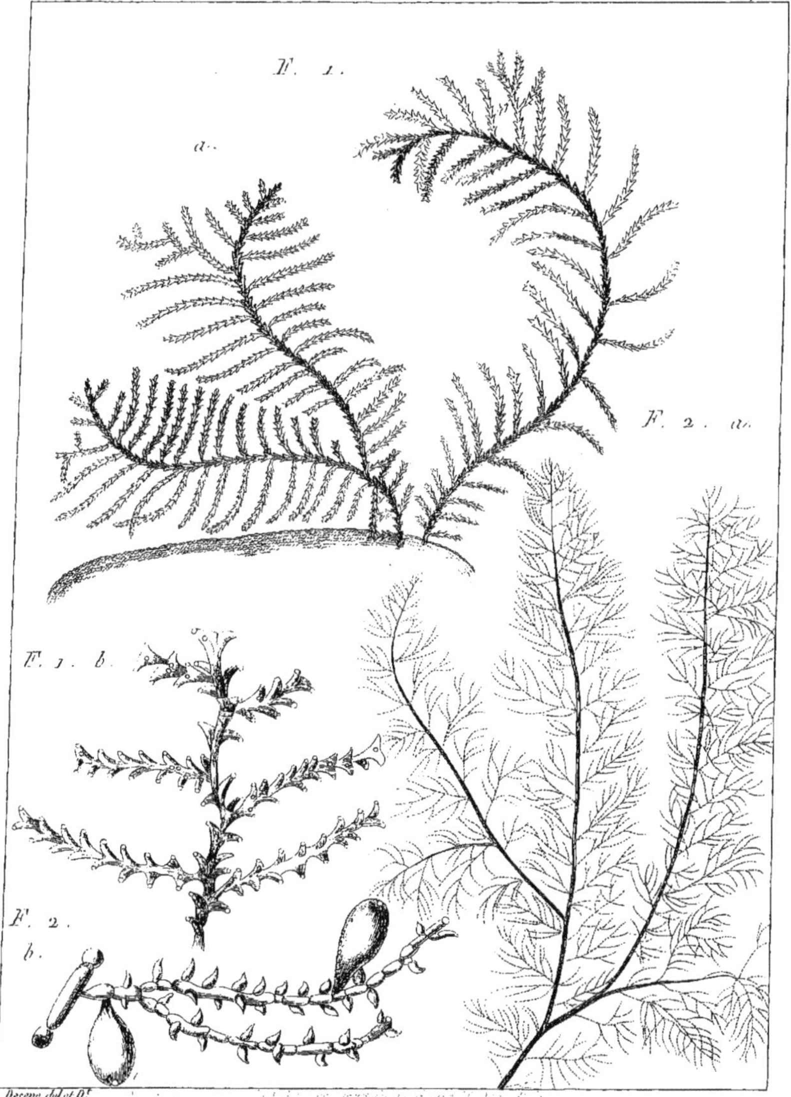

Desève del. et D.t

Hist. Nat.; Polypiers Vaginiformes.

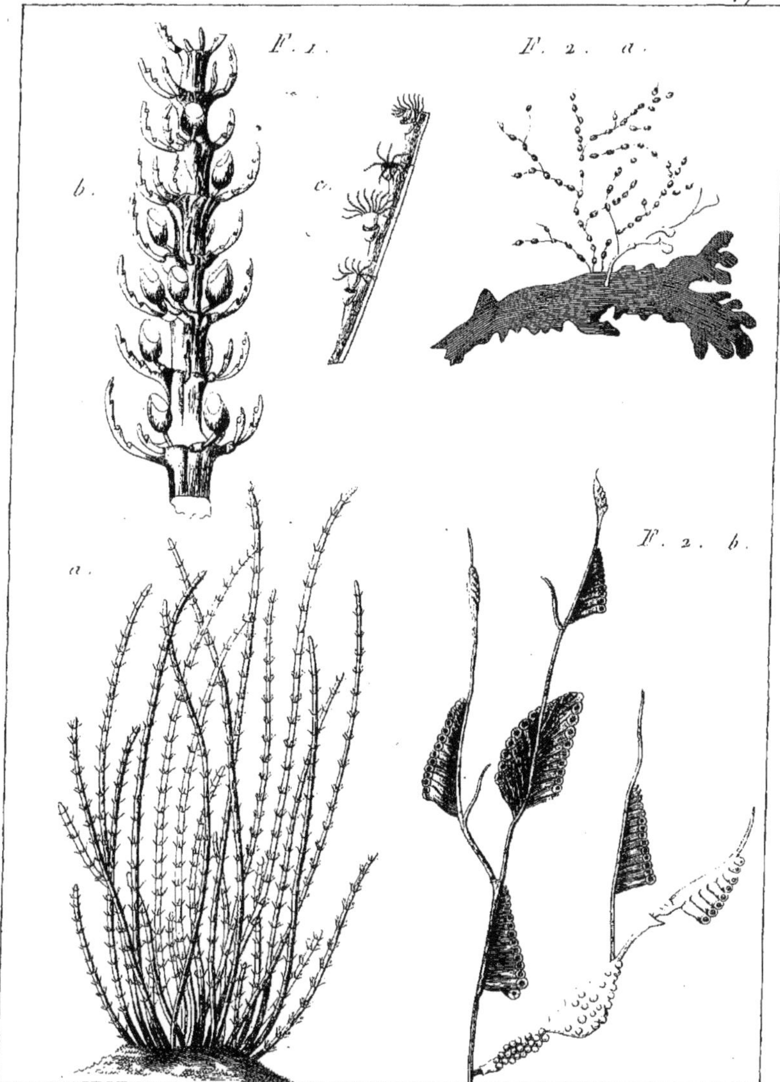

Desève del et D^t.

Hist. Nat; Polypiers Vaginiformes.

Plumulaire. *Plumularia*. Pl. 476

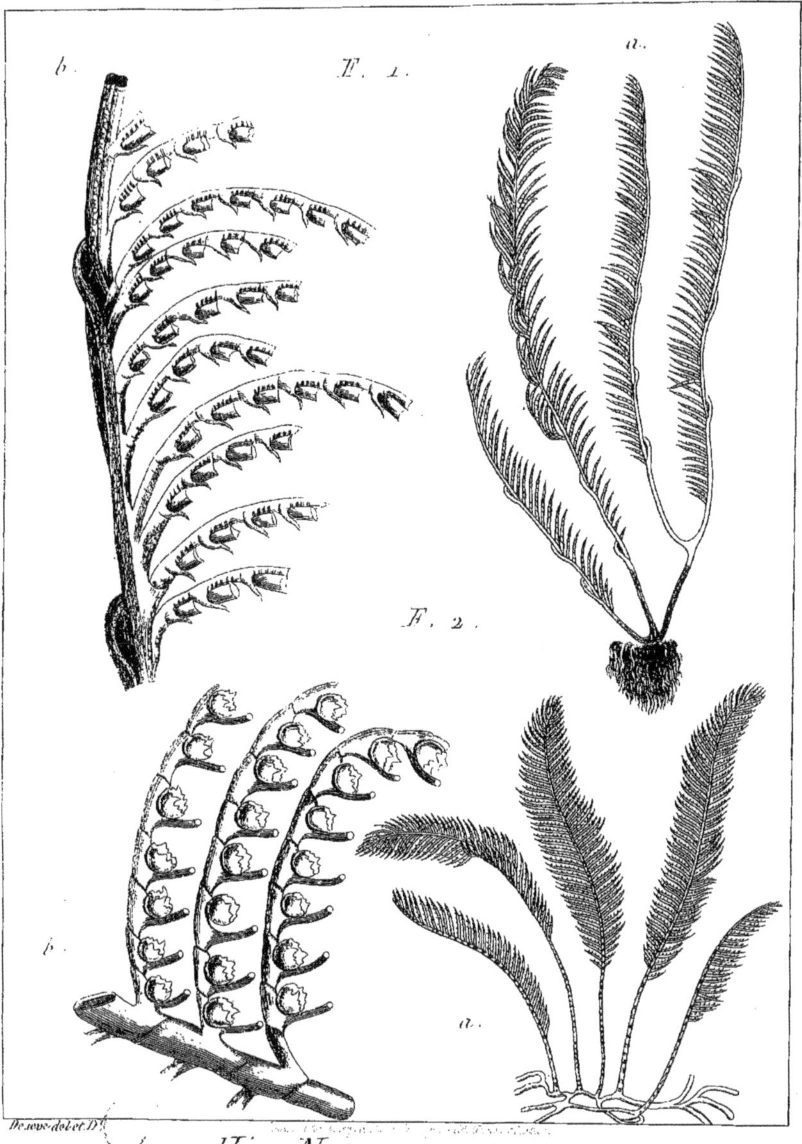

Desève del. et D.

Hist. Nat; Polypiers Vaginiformes.

Cellaire, anguinaire. Pl. 477.

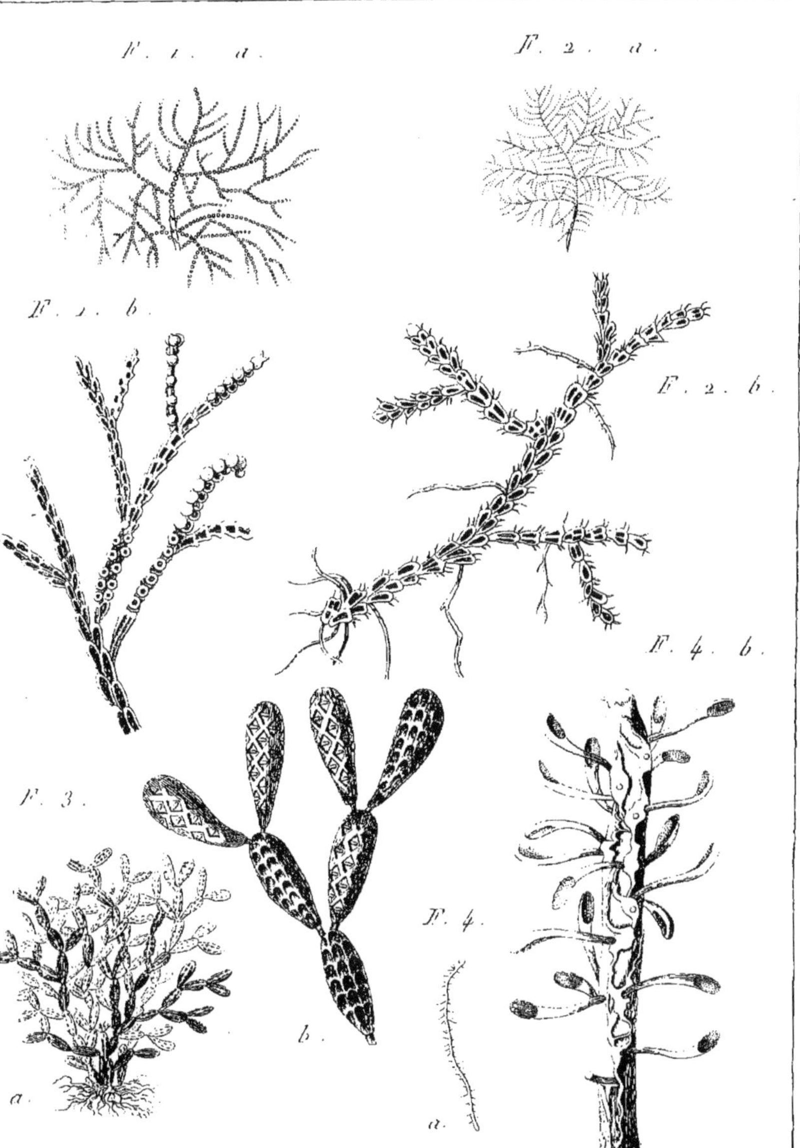

Hist. Nat; Polypiers Vaginiformes.

Dichotomaire, acetabule, Flustre. Pl. 478.

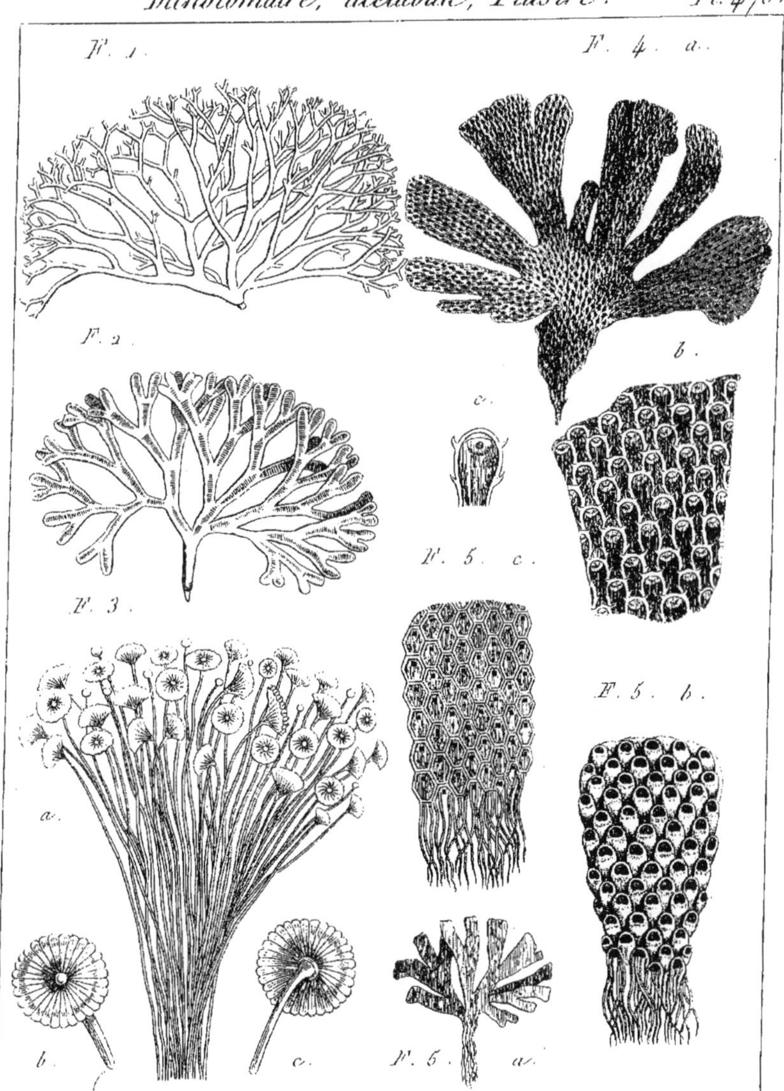

Hist. Nat; Polypiers Vaginiformes &c.

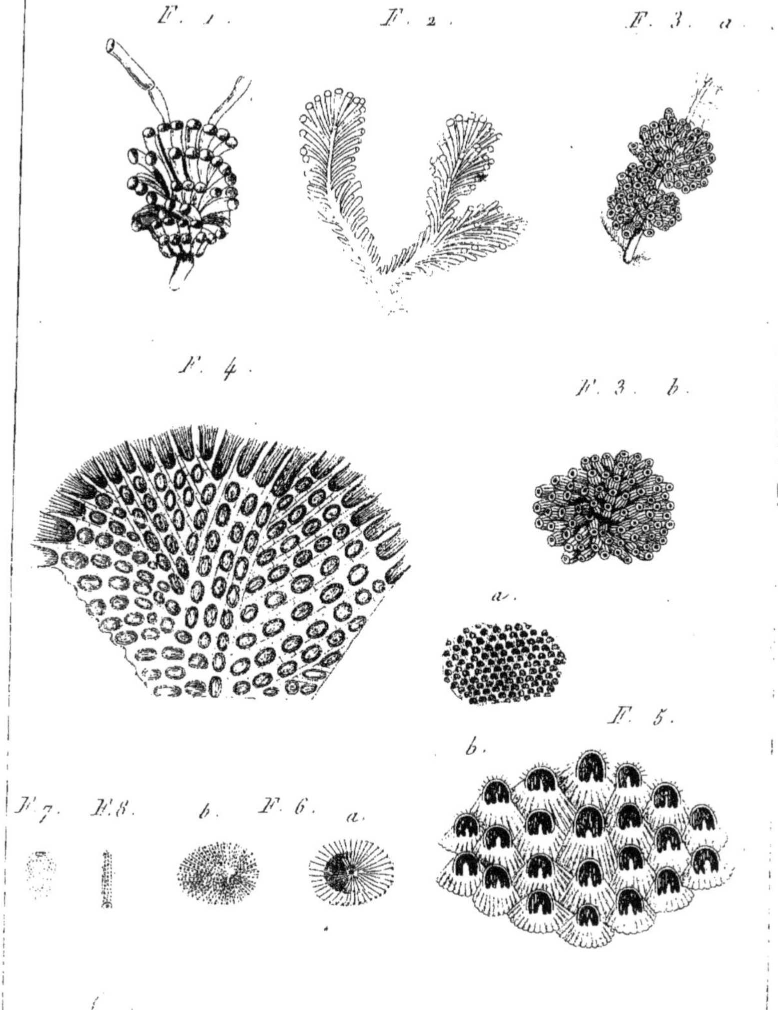

F. 1. F. 2. F. 3. a.

F. 4.

F. 3. b.

a.

F. 5.

b.

F. 7. F. 8. b. F. 6. a.

Bessa del. et D.

Hist. Nat; Polypiers à Rézeau.

Cellépore, eschare, Rétépore. *Pl. 480.*

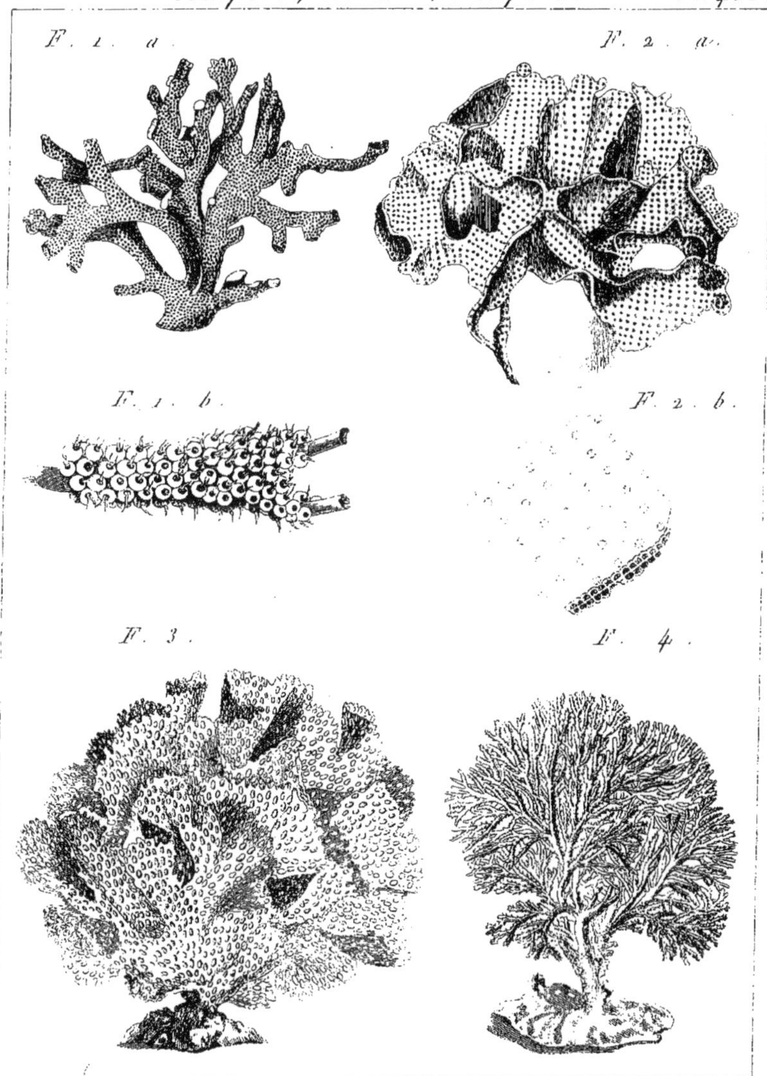

Dorée delin.

His. Nat; Polypiers à Rézeau.

Distichopore. Millépore. Pl. 481.

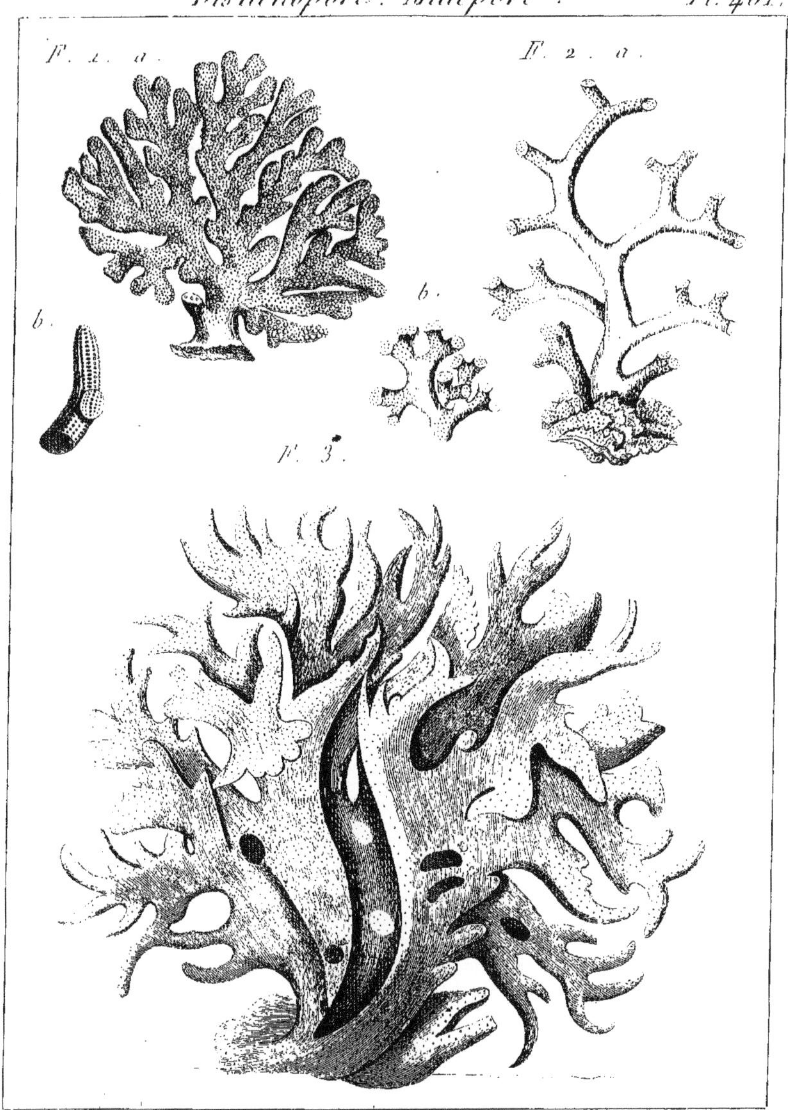

Desève del et D.

Hist. Nat; Polypiers Foraminés.

Tubipore, Sarcinule, Caryophyllie. Pl. 48.

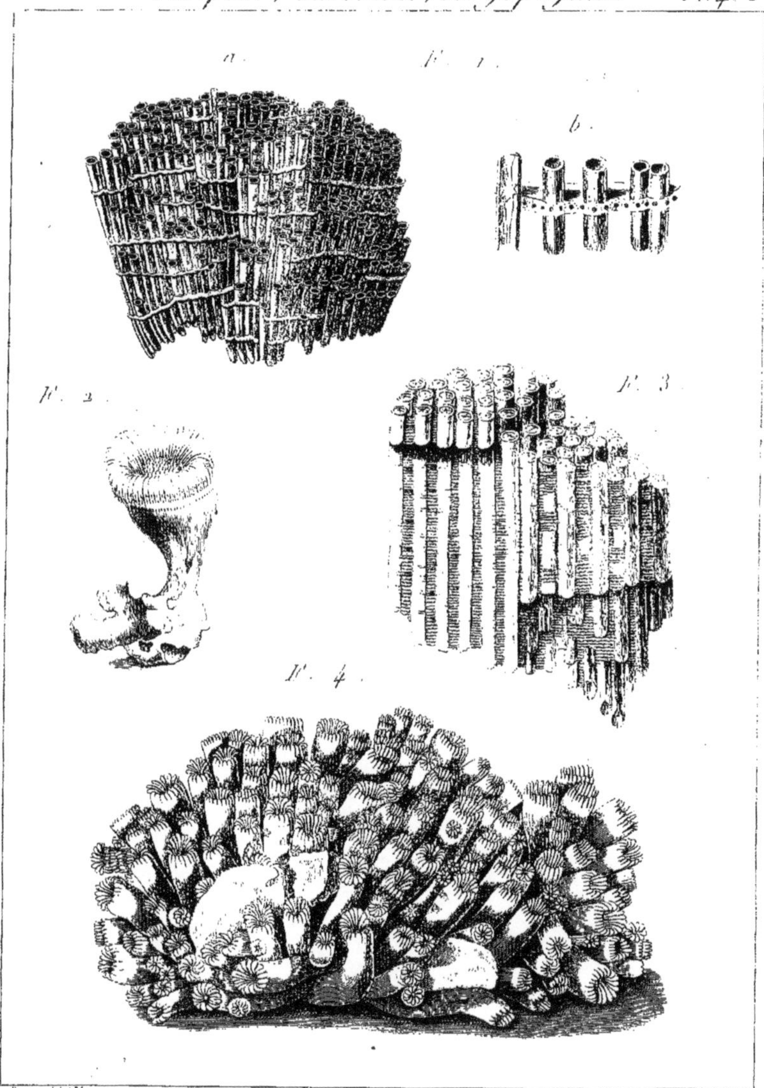

Hist. Nat; Polypiers Lamellifères.

F. 1.

a.

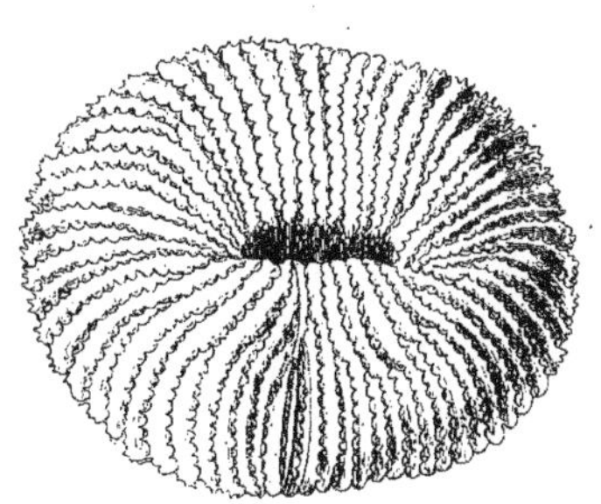

b.

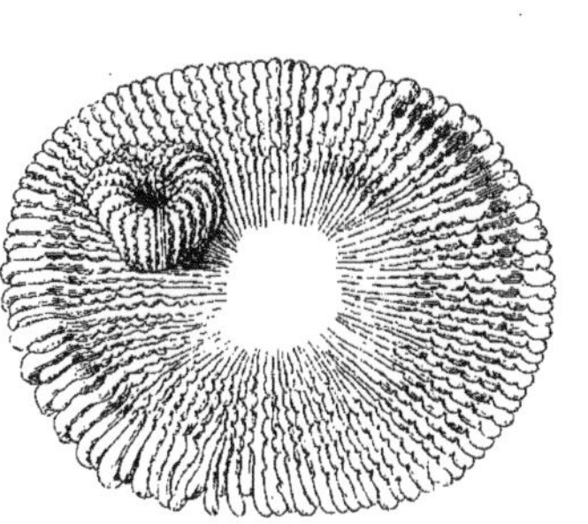

F. 2.

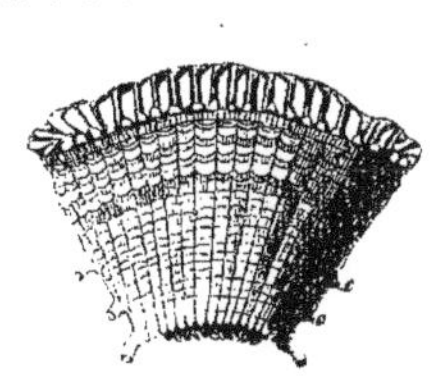

F. 3.

F. 5. a.

F. 6.

a.

F. 4.

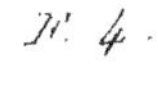

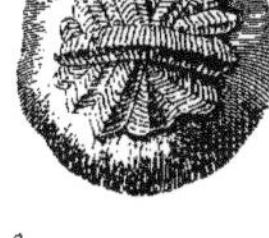

F. 5. b.

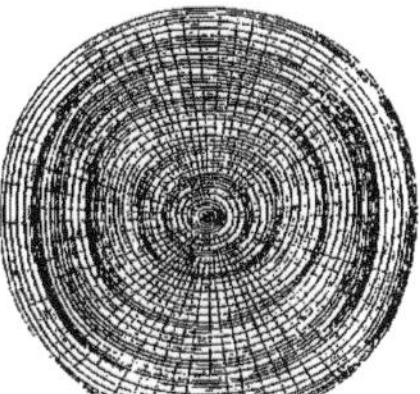

F. 6.

b.

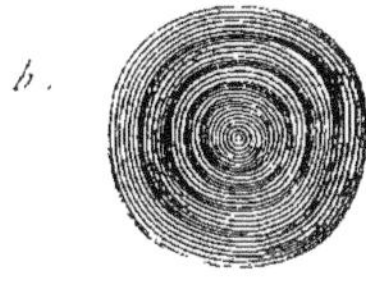

Hist. Nat. Polypiers Lamellifères.

F. 1.

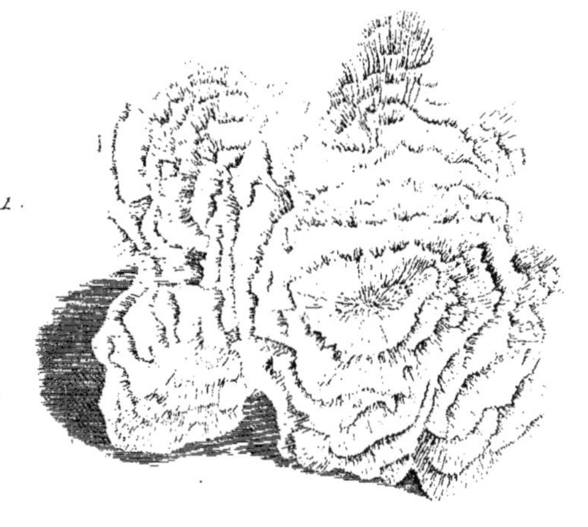

F. 2.

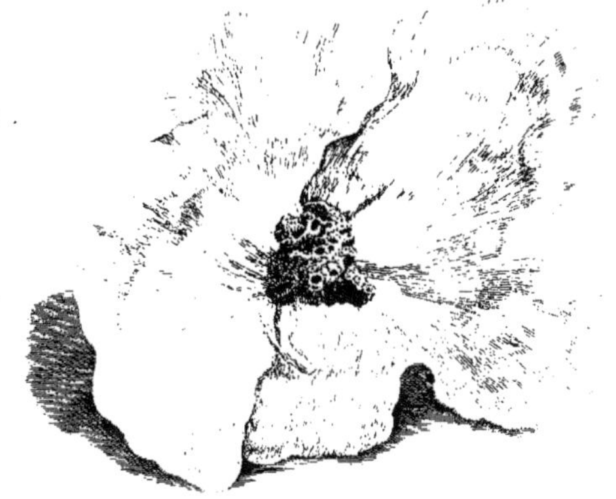

Méandrine. *Meandrina.* Pl. 485.

F. 1.

F. 2.

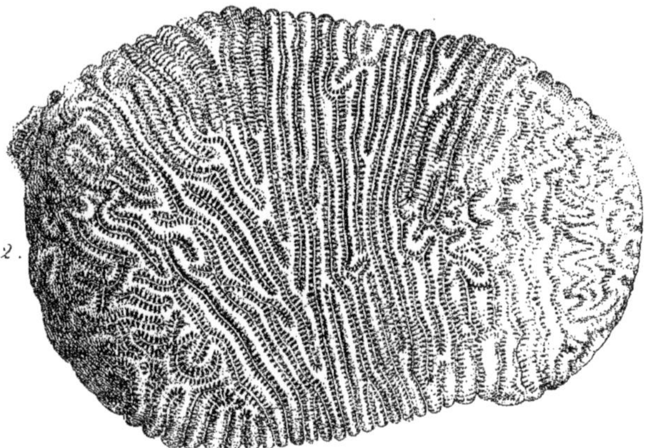

Hist. Nat. Polypiers Lamellifères.

Astrée *Astrea.* Pl. 486.

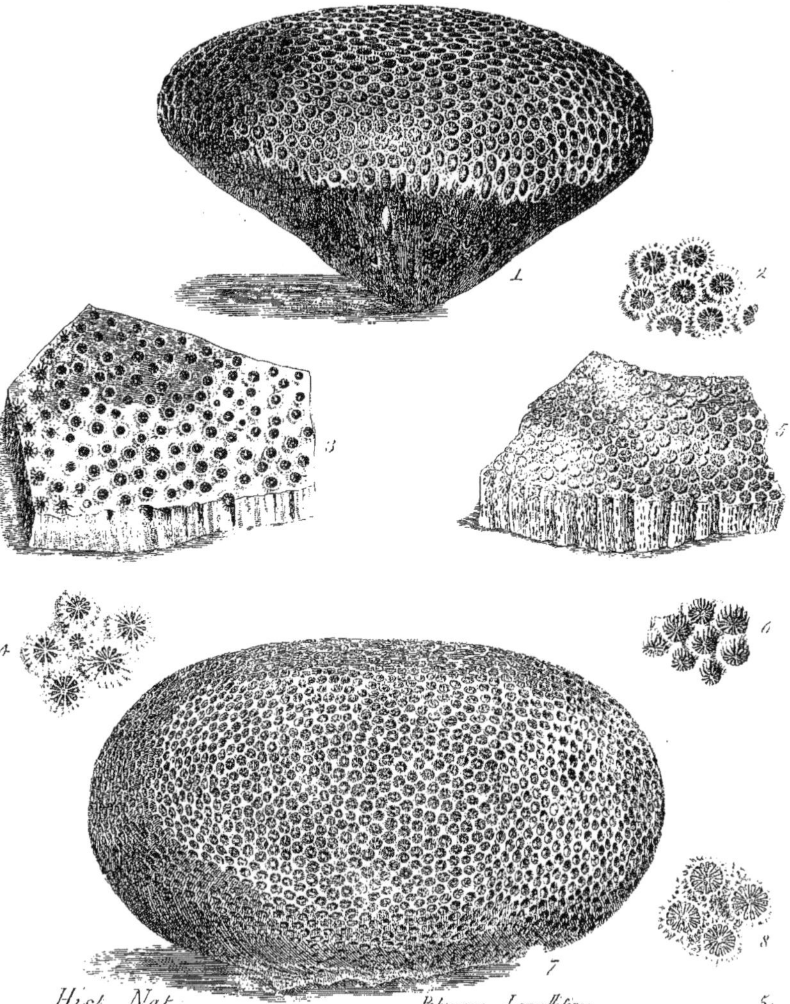

1

2

3

5

4

6

8

7

Desève del. et D. *Hist. Nat.* *Polypiers Lamellifères.* 51

Madrepore. *Madrepora.* Pl. 487.

Hist. Nat. *Polypiers Lamellifères.* 52.

Oculine *Oculina.* Pl. 488

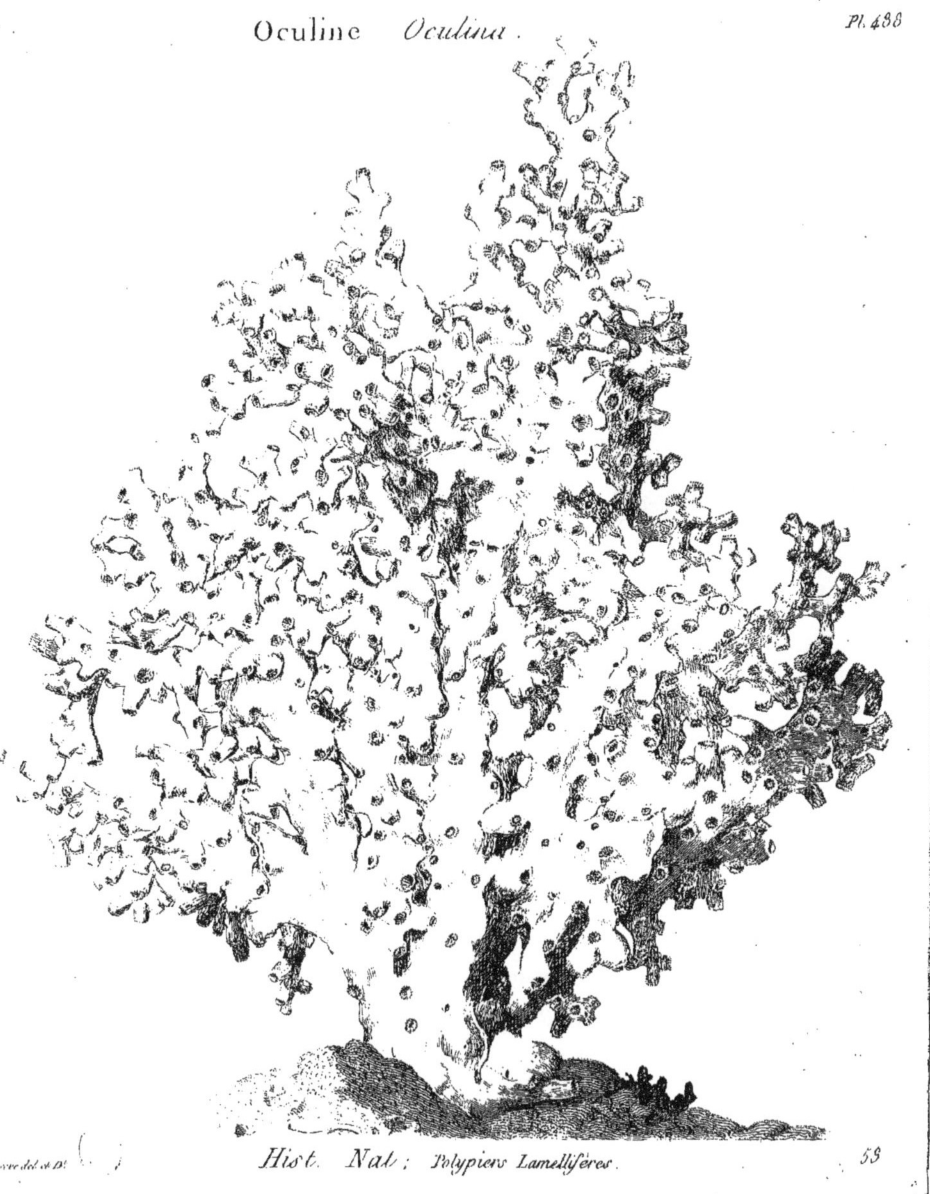

Hist. Nat.: Polypiers Lamellifères. 59

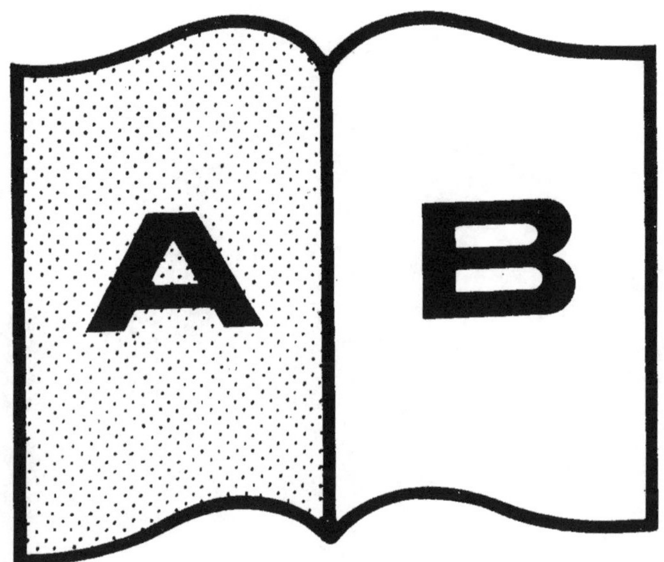
A
B

www.ingramcontent.com/pod-product-compliance
Ingram Content Group UK Ltd.
Pitfield, Milton Keynes, MK11 3LW, UK
UKHW020427200726
13857UKWH00002B/316